step 1　〔　　月　　日〕

1 四角《しかく》に分《わ》ける

目標時間は5分

分　　秒

Q ルールにしたがって，線《せん》を引《ひ》いて
いくつかの四角《しかく》に分《わ》けましょう。

		8					
				8			
	8			8			
							8
					8		
			8			8	

ルール

① 図《ず》のマスを１つもあまらないように正方形《せいほうけい》または長方形《ちょうほうけい》に分けます。
② １つの正方形または長方形の中《なか》には必《かなら》ず数字《すうじ》が１つ入《はい》ります。
③ ②の数字はその正方形または長方形にふくまれるマスの数《かず》を表《あらわ》します。
④ 同《おな》じマスを２つの正方形または長方形が同時《どうじ》に使《つか》うことはできません。

「平面図形」と「条件整理」の感覚を同時に養うパズルです。解き方（ルール）を丁寧に理解しましょう。長方形・正方形の広さを感覚的にとらえながら，条件整理することで完成します。キーとなるところを見極めましょう。

step 1 〔　月　日〕

2 四角《しかく》に分《わ》ける

目標時間は5分

分　秒

Q ルールにしたがって，線《せん》を引《ひ》いて
いくつかの四角《しかく》に分《わ》けましょう。

		12				6		
	10				9			8
4								
				9			6	
	6		5					
						6		

ルール

① 図《ず》のマスを1つもあまらないように正方形《せいほうけい》または長方形《ちょうほうけい》に分けます。
② 1つの正方形または長方形の中《なか》には必《かなら》ず数字《すうじ》が1つ入《はい》ります。
③ ②の数字はその正方形または長方形にふくまれるマスの数《かず》を表《あらわ》します。
④ 同《おな》じマスを2つの正方形または長方形が同時《どうじ》に使《つか》うことはできません。

「平面図形」と「条件整理」の感覚を同時に養うパズルです。解き方（ルール）を丁寧に理解しましょう。長方形・正方形の広さを感覚的にとらえながら，条件整理することで完成します。キーとなるところを見極めましょう。

step 1　〔　　月　　日〕

3 ビルディング

目標時間は５分

分　　秒

Q ルールにしたがって，ビルが何階《なんかい》建《だ》てなのかを数字《すうじ》で答《こた》えましょう。

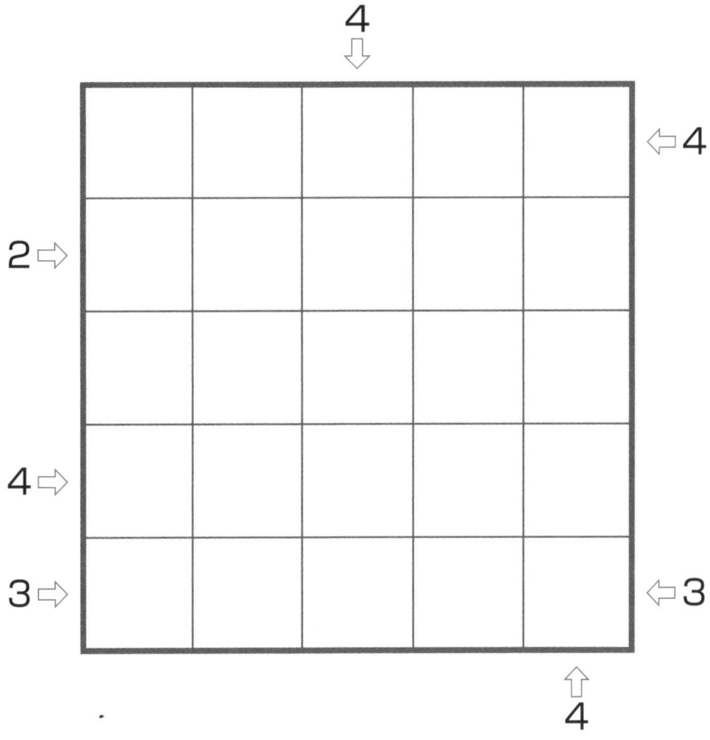

ルール

① あなたは空《そら》から町《まち》を見《み》ています。

② それぞれのマスには，１階建《かいだ》てから５階建てのビルが建《た》っています。ただ，空から見ているので何《なん》階建てかわかりません。

③ 矢印《やじるし》の数字《すうじ》は，その場所《ばしょ》から見えるビルの数《かず》です。

④ この数字をヒントにマスの中のビルが何階建てなのか答《こた》えてください。

⑤ ただし，同《おな》じ列《れつ》（たて・横《よこ》）に同じ数字は入《はい》りません。

「立体図形」と「条件整理」の感覚を同時に養うパズルです。解き方（ルール）を丁寧に理解しましょう。立体イメージで整理する部分と，条件で整理をする部分を相互に使い分けながら完成させるため，高度な整理力が身につきます。

〔　　月　　日〕

4 ビルディング

目標時間は5分

分　　秒

Q ルールにしたがって，ビルが何階建《なんかいだ》てなのかを数字《すうじ》で答《こた》えましょう。

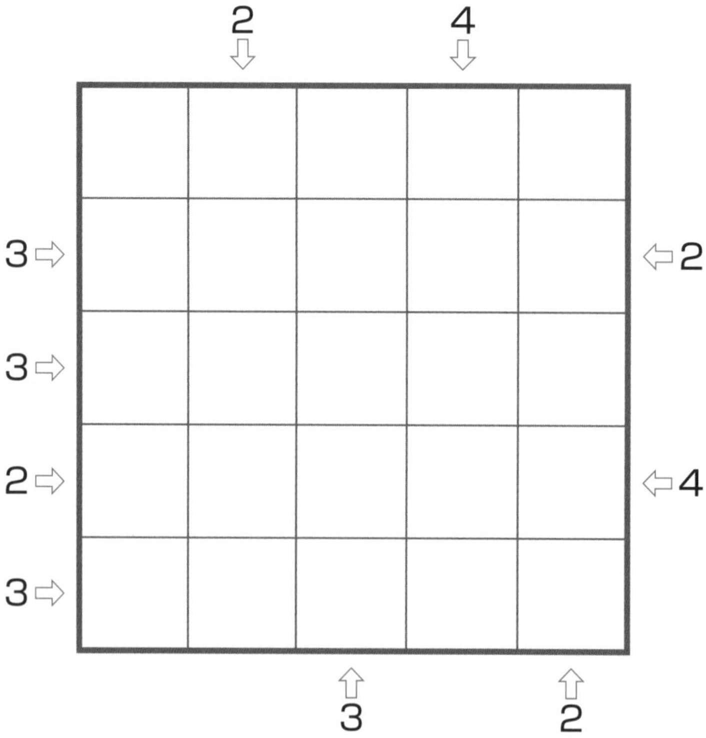

ルール

① あなたは空《そら》から町《まち》を見《み》ています。

② それぞれのマスには，１階建《かいだ》てから５階建てのビルが建《た》っています。ただ，空から見ているので何《なん》階建てかわかりません。

③ 矢印《やじるし》の数字《すうじ》は，その場所《ばしょ》から見えるビルの数《かず》です。

④ この数字をヒントにマスの中のビルが何階建てなのか答《こた》えてください。

⑤ ただし，同《おな》じ列《れつ》（たて・横《よこ》）に同じ数字は入《はい》りません。

「立体図形」と「条件整理」の感覚を同時に養うパズルです。解き方（ルール）を丁寧に理解しましょう。立体イメージで整理する部分と，条件で整理をする部分を相互に使い分けながら完成させるため，高度な整理力が身につきます。

step 1　〔　　月　　日〕

5 サイコロを作《つく》る

目標時間は５分

分　　秒

Q ルールにしたがって，不要《ふよう》な面《めん》には×をつけ，展開図《てんかいず》のまわりを太線《ふとせん》で囲《かこ》みましょう。

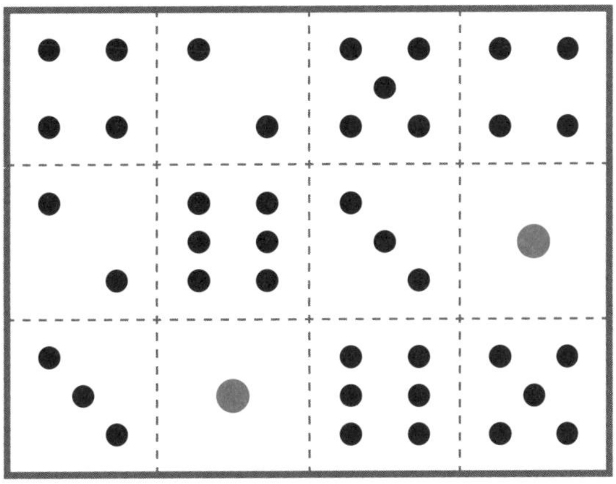

（1）

ルール

① 図《ず》から，かっこ内《ない》の数《かず》だけさいころの展開図《てんかいず》を切《き》り取《と》ります。
（向《む》かい合《あ》った面《めん》の目《め》の数の和《わ》はどこも７にならなければなりません）

② 同《おな》じ面を２回使《かいつか》うことはできません。

③ 不要《ふよう》な面には×をつけ，展開図《てんかいず》のまわりを太線《ふとせん》で囲《かこ》みなさい。

④ 立方体《りっぽうたい》の展開図は以下《いか》の11通《とお》りです。

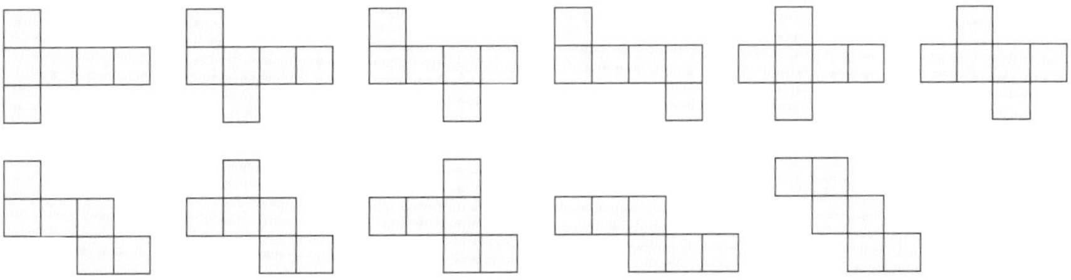

「立体図形」と「条件整理」の感覚を同時に養う高度なパズルです。展開図の特徴も確認しておきましょう。立体イメージで整理する部分と，条件で整理をする部分を相互に使い分けながら完成させるため，高度な整理力が身につきます。

〔　　月　　日〕

6 サイコロを作《つく》る

目標時間は5分

分　　秒

Q ルールにしたがって，不要《ふよう》な面《めん》には×をつけ，展開図《てんかいず》のまわりを太線《ふとせん》で囲《かこ》みましょう。

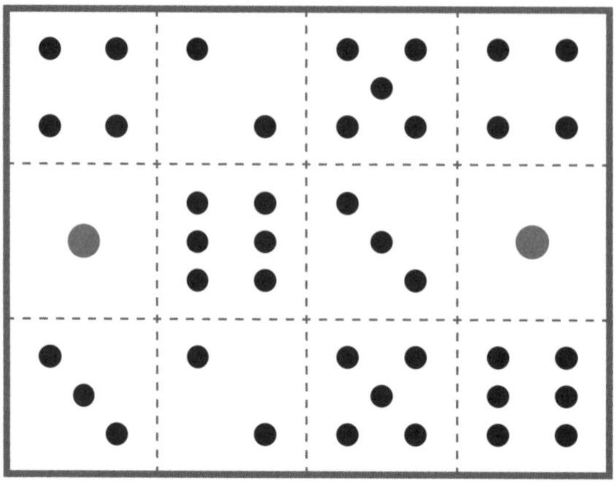

（1）

ルール

① 図《ず》から，かっこ内《ない》の数《かず》だけさいころの展開図《てんかいず》を切《き》り取《と》ります。
（向《む》かい合《あ》った面《めん》の目《め》の数の和《わ》はどこも7にならなければなりません）

② 同《おな》じ面を2回使《かいつか》うことはできません。

③ 不要《ふよう》な面には×をつけ，展開図《てんかいず》のまわりを太線《ふとせん》で囲《かこ》みなさい。

④ 立方体《りっぽうたい》の展開図は以下《いか》の11通《とお》りです。

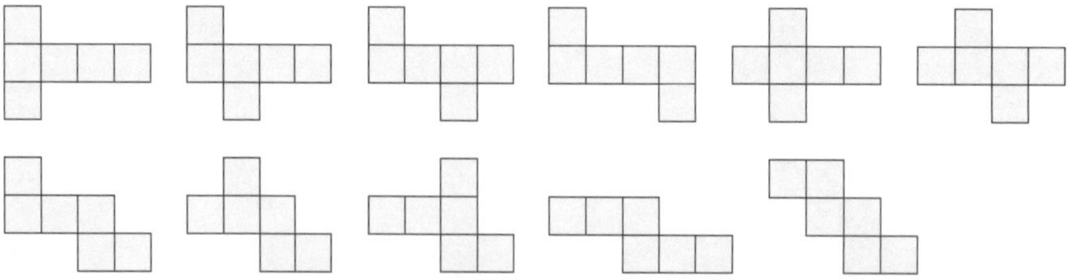

「立体図形」と「条件整理」の感覚を同時に養う高度なパズルです。展開図の特徴も確認しておきましょう。立体イメージで整理する部分と，条件で整理をする部分を相互に使い分けながら完成させるため，高度な整理力が身につきます。

7 ナンバープレイス

目標時間は５分

分　　秒

Q ルールにしたがって，数字《すうじ》を入《い》れましょう。

	3		6		5			
7	9	2		4		5		
	4		2		3	8	7	
9	8	4				2		6
				6		4		5
5	2	6				7		9
4		9	8		6			7
3					7			2
2		7	5		9	1	4	

ルール

① 空《あ》いたマスに１～９の数字《すうじ》を入《い》れます。
② たて・横《よこ》のそれぞれ９列《れつ》に１～９が１回《かい》ずつ入《はい》ります。
③ 太線《ふとせん》で囲《かこ》まれた３×３の９つのブロックにも，１～９が１回ずつ入ります。

「推理」や「条件整理」の感覚を育成するパズルです。複数の条件を同時に考える必要があります。
じっくり条件を見極めながら，あてはまるものを粘り強く考えましょう。

〔　　月　　日〕

8 ナンバープレイス

目標時間は５分

分　　秒

Q ルールにしたがって，数字《すうじ》を入《い》れましょう。

8	2	6		5		4		9
			6		2		5	
5	3	9		4		2		7
7		1				9	8	4
9	6	2						
3		4				5	2	6
	7	5	9		4			1
	4			6		7	9	2
2	9		8		1	6		

ルール

① 空《あ》いたマスに１～９の数字《すうじ》を入《い》れます。

② たて・横《よこ》のそれぞれ９列《れつ》に１～９が１回《かい》ずつ入《はい》ります。

③ 太線《ふとせん》で囲《かこ》まれた３×３の９つのブロックにも，１～９が１回ずつ入ります。

「推理」や「条件整理」の感覚を育成するパズルです。複数の条件を同時に考える必要があります。じっくり条件を見極めながら，あてはまるものを粘り強く考えましょう。

step 1　　〔　　月　　日〕

9 ナンバーリンク

目標時間は５分

分　　秒

Q ルールにしたがって，同《おな》じ数字《すうじ》どうしを線《せん》で結《むす》びましょう。

		3	4						
							1	3	
	1							2	
				8				8	
5									
			6			7		5	
	2		7					6	
			4						

ルール

① 同《おな》じ数字《すうじ》どうしをたて・横《よこ》の線《せん》で結《むす》びます。
② 線はマスの真《ま》ん中《なか》を通《とお》ります。
③ 線どうしが交《まじ》わってはいけません。
④ 線は数字の入《はい》っているマスは通《とお》れません。
⑤ 数字の入っていないすべてのマスを線は１回《かい》だけ通ります。

「推理」や「条件整理」の感覚を育成するパズルです。複数の条件を同時に考える必要があります。
最短距離で選ぶと条件が整わないことなどを見極めながら，全体像と条件整理をバランスよく考えましょう。

step 1　〔　月　日〕

10 ナンバーリンク

目標時間は5分
分　秒

Q ルールにしたがって，同《おな》じ数字《すうじ》どうしを
線《せん》で結《むす》びましょう。

				4			5	2	1
	3					7			
			8	9	6				
					9				
		5							
					8		7		
							6		
				4			3		
	1								
2									

ルール

① 同《おな》じ数字《すうじ》どうしをたて・横《よこ》の線《せん》で結《むす》びます。
② 線はマスの真《ま》ん中《なか》を通《とお》ります。
③ 線どうしが交《まじ》わってはいけません。
④ 線は数字の入《はい》っているマスは通《とお》れません。
⑤ 数字の入っていないすべてのマスを線は1回《かい》だけ通ります。

「推理」や「条件整理」の感覚を育成するパズルです。複数の条件を同時に考える必要があります。
最短距離で選ぶと条件が整わないことなどを見極めながら，全体像と条件整理をバランスよく考えましょう。

〔　　月　　日〕

11 道《みち》をつくる

目標時間は５分

分　　秒

Q ルールにしたがって，スタートからゴールまで線《せん》で結《むす》びましょう。

スタート

⇩

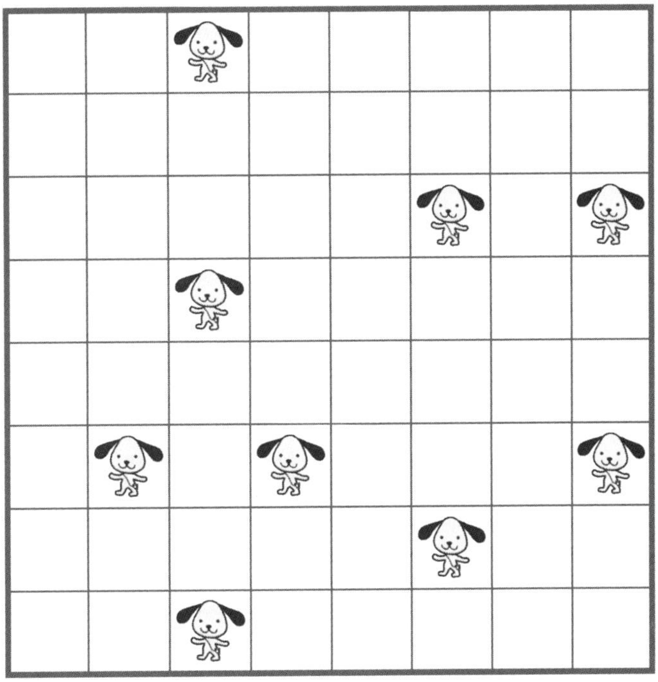

⇩

ゴール

ルール

① スタートからゴールまでの道順《みちじゅん》を記入《きにゅう》します。

② 🐶のいるマスは通《とお》れません。

③ 🐶のいないすべてのマスを通らなければなりません。

④ 同じマスを２回以上《かいいじょう》通ってはいけません。

⑤ 進《すす》める方向《ほうこう》はたてと横《よこ》だけで，ななめには進めません。

「推理」や「条件整理」の感覚を育成するパズルです。複数の条件を同時に考える必要があります。条件にあてはまるものとそうでないものを判断しながら考えることで正しいものを選択する力が身につきます。

〔　　月　　日〕

12 道《みち》をつくる

目標時間は5分

分　　秒

Q ルールにしたがって，スタートからゴールまで線《せん》で結《むす》びましょう。

スタート

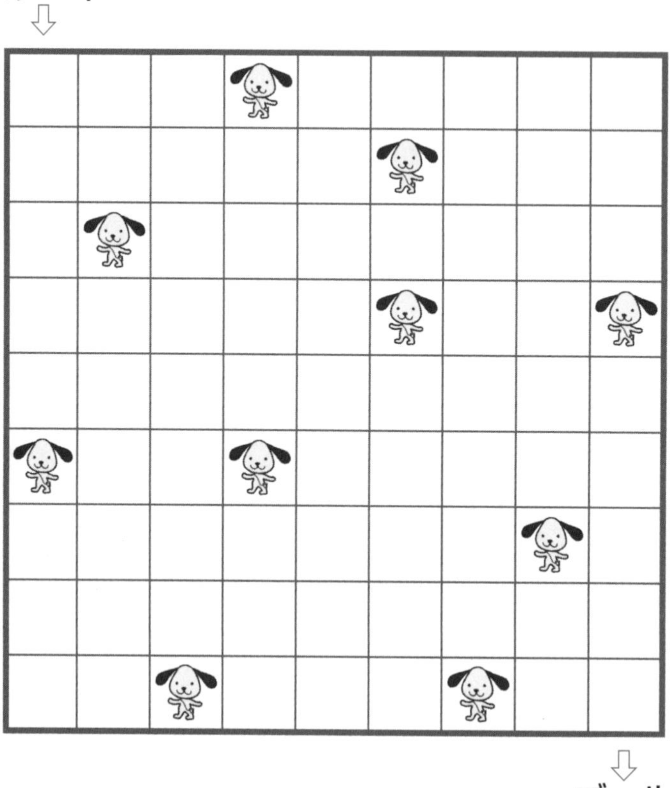

ゴール

ルール

① スタートからゴールまでの道順《みちじゅん》を記入《きにゅう》します。

② のいるマスは通《とお》れません。

③ のいないすべてのマスを通らなければなりません。

④ 同じマスを2回以上《かいいじょう》通ってはいけません。

⑤ 進《すす》める方向《ほうこう》はたてと横《よこ》だけで，ななめには進めません。

「推理」や「条件整理」の感覚を育成するパズルです。複数の条件を同時に考える必要があります。条件にあてはまるものとそうでないものを判断しながら考えることで正しいものを選択する力が身につきます。

step 1　〔　月　日〕

13 道《みち》をつくる Ⅱ

目標時間は５分
分　秒

Q ルールにしたがって，スタートからゴールまで線《せん》で結《むす》びましょう。

スタート ⇩（左上のマス）

6	3	5	3	6	1	4	5	
								5
								1
								4
								5
								6
								3
								8
								1

⇩ ゴール（右下のマス）

ルール

① スタートからゴールまでの道順《みちじゅん》を記入《きにゅう》します。
② 同じマスを２回以上通《かいいじょうとお》ることはできません。
③ 進《すす》める方向《ほうこう》は，たてと横《よこ》だけで，ななめには進《すす》めません。
④ 数字《すうじ》は，その列《れつ》のマスのうち，道が通るマスの数《かず》を表《あらわ》しています。

「数」と「条件整理」の感覚を同時に養うパズルです。解き方（ルール）を丁寧に理解しましょう。
道をつくるの特性に条件を組み合わせたパズルであることを理解し，数量の変化を気にしながら条件を整理しましょう。

〔　　月　　日〕

14 道《みち》をつくる Ⅱ

目標時間は５分

分　　秒

Q ルールにしたがって，スタートからゴールまで線《せん》で結《むす》びましょう。

スタート ⇩

3	6	3	3	6	5	2	5	
								5
								1
								7
								6
								4
								3
								6
								1

⇩ ゴール

ルール

① スタートからゴールまでの道順《みちじゅん》を記入《きにゅう》します。

② 同じマスを２回《かい》以《い》上《じょう》通《とお》ることはできません。

③ 進《すす》める方向《ほうこう》は，たてと横《よこ》だけで，ななめには進《すす》めません。

④ 数字《すうじ》は，その列《れつ》のマスのうち，道が通るマスの数《かず》を表《あらわ》しています。

「数」と「条件整理」の感覚を同時に養うパズルです。解き方（ルール）を丁寧に理解しましょう。
道をつくるの特性に条件を組み合わせたパズルであることを理解し，数量の変化を気にしながら条件を整理しましょう。

step 1　　　　〔　　月　　日〕

15 魔《ま》方《ほう》陣《じん》 Ⅲ

目標時間は5分

分　　秒

Q 下《した》の表《ひょう》のあいているところに整数《せいすう》を入れ，
たてにたしても，横《よこ》にたしても，ななめにたしても，
それぞれの３つの数《すう》の和《わ》が同《おな》じになるようにしなさい。

（1）

		6
3		
		5

（2）

13		
		4
5		

「数」と「条件整理」の感覚を同時に養うパズルです。３つの数の和が問題によって変化するので，正確に数を導かなくてはいけません。
次の一手をどのように導くかがキーポイントになるので，自分の力でそのポイントを見つけ出しましょう。

step 1　〔　月　日〕

16 魔《ま》方《ほう》陣《じん》 Ⅲ

目標時間は５分

分　秒

Q 下《した》の表《ひょう》のあいているところに整数《せいすう》を入れ，
たてにたしても，横《よこ》にたしても，ななめにたしても，
それぞれの３つの数《すう》の和《わ》が同《おな》じになるようにしなさい。

（1）

		12
10		
		7

（2）

4		
		5
14		

「数」と「条件整理」の感覚を同時に養うパズルです。３つの数の和が問題によって変化するので，正確に数を導かなくてはいけません。
次の一手をどのように導くかがキーポイントになるので，自分の力でそのポイントを見つけ出しましょう。

step 1　　〔　月　日〕

17 魔《ま》方《ほう》陣《じん》Ⅳ

目標時間は5分

分　秒

Q 下《した》の表《ひょう》のあいているところに1～16の整数《せいすう》を入《い》れ，たてにたしても，横《よこ》にたしても，ななめにたしても，それぞれの4つの数《すう》の和《わ》が同《おな》じになるようにしなさい。各数字《かくすうじ》は1回《かい》ずつ使《つか》います。

13		8	
	7		14
	6		15
16		5	4

「数」と「条件整理」の感覚を同時に養うパズルです。和から求めることもできますが，条件から見極める方法を探りましょう。魔法陣Ⅲと同様，次の一手をどのように導くかがキーポイントになるので，自分の力でそのポイントを見つけ出しましょう。

step 1

〔　　月　　日〕

18 魔《ま》方《ほう》陣《じん》 Ⅳ

目標時間は5分

分　　秒

Q 下《した》の表《ひょう》のあいているところに1～16の整数《せいすう》を入《い》れ，たてにたしても，横《よこ》にたしても，ななめにたしても，それぞれの4つの数《すう》の和《わ》が同《おな》じになるようにしなさい。各数字《かくすうじ》は1回《かい》ずつ使《つか》います。

16	3	2	
9			12
	10	11	
	15		1

「数」と「条件整理」の感覚を同時に養うパズルです。和から求めることもできますが，条件から見極める方法を探りましょう。魔法陣Ⅲと同様，次の一手をどのように導くかがキーポイントになるので，自分の力でそのポイントを見つけ出しましょう。

19 宝《たから》探《さが》し

目標時間は5分

分　秒

Q ルールにしたがって，○をつけましょう。

		0		1		
	2		1			1
1				3		
	3		3		2	
		2				1
1			0		2	
						1

(9)

ルール

① 図《ず》のマスの中に，かっこ内《ない》の数《かず》だけ宝物《たからもの》がかくれています。
そのマスに○をつけてください。

② 数字《すうじ》の入《はい》っているマスには宝物はかくれていません。

③ 数字はそのまわりにかくれている宝物の数を表《あらわ》しています。

「推理」や「条件整理」の感覚を育成するパズルです。それぞれの数の持つ条件と全体数の条件を相互に確認する必要があります。
必ず条件にあてはまるものを導きながら，正しい条件を整理していく必要があります。

step 1　〔　　月　　日〕

20　宝《たから》探《さが》し

目標時間は5分

分　　秒

Q ルールにしたがって，○をつけましょう。

				1		
2						0
		3		4		
3			3			
		1		4		1
1						
				1		

(9)

ルール

① 図《ず》のマスの中に，かっこ内《ない》の数《かず》だけ宝物《たからもの》がかくれています。
　そのマスに○をつけてください。

② 数字《すうじ》の入《はい》っているマスには宝物はかくれていません。

③ 数字はそのまわりにかくれている宝物の数を表《あらわ》しています。

「推理」や「条件整理」の感覚を育成するパズルです。それぞれの数の持つ条件と全体数の条件を相互に確認する必要があります。
必ず条件にあてはまるものを導きながら，正しい条件を整理していく必要があります。

〔　　月　　日〕

21 ブロック分《わ》け

目標時間は5分

分　　秒

Q ルールにしたがって，ブロックに分《わ》けましょう。

2	2	5	1	4	3	2
4	5	3	5	1	3	3
3	1	4	2	4	1	5
1	1	3	4	1	2	4
5	2	3	4	5	5	2

ルール

① 全体《ぜんたい》を７個《こ》のブロック（かたまり）に分《わ》けます。

② １つのブロックには，１～５の数字《すうじ》が１個《こ》ずつふくまれます。

③ ブロックは，辺《へん》どうしが接《せっ》していれば，どのような形《かたち》でもかまいません。

「推理」や「条件整理」の感覚を育成するパズルです。それぞれのブロックに分けられる絶対的な条件を導き出しましょう。
同じブロックにあてはまるのか，それとも異なるブロックになるのかを見極めるポイントが重要です。

step 1　〔　　月　　日〕

22 ブロック分《わ》け

目標時間は５分

分　　秒

Q ルールにしたがって，ブロックに分《わ》けましょう。

4	5	2	2	1	4	1
4	5	3	1	1	3	2
3	5	3	2	4	5	5
1	1	2	5	1	2	4
2	5	3	4	4	3	3

ルール

① 全体《ぜんたい》を７個《こ》のブロック（かたまり）に分《わ》けます。

② １つのブロックには，１～５の数字《すうじ》が１個《こ》ずつふくまれます。

③ ブロックは，辺《へん》どうしが接《せつ》していれば，どのような形《かたち》でもかまいません。

「推理」や「条件整理」の感覚を育成するパズルです。それぞれのブロックに分けられる絶対的な条件を導き出しましょう。
同じブロックにあてはまるのか，それとも異なるブロックになるのかを見極めるポイントが重要です。

step 1　〔　　月　　日〕

23 ブロック分《わ》け Ⅱ

目標時間は５分

分　　秒

Q ルールにしたがって，ブロックに分《わ》けましょう。

4		5	5		3	5	
				5	3		
2		4		4		5	2
3				3			
			2	4		4	
	2		3	3		5	
5		1		2	4		
3					4	2	5

ルール

① 空《あ》いたマスすべてに１けたの数字《すうじ》（１～９）を入れます。
② 全体《ぜんたい》をいくつかのブロックに分《わ》けます。
③ １つのブロックは必《かなら》ず，たてまたは横《よこ》につながります。
④ １つのブロックにはすべて同《おな》じ数《すう》が入ります。
⑤ ブロックに入る数《すう》は，そのブロックにふくまれるマスの数《かず》と同《おな》じです。
⑥ 同じ数《すう》の入る異《こと》なるブロックが，たて，横に接《せっ》することはありません。

「推理」や「条件整理」の感覚を育成するパズルです。解き方（ルール）を丁寧に理解しましょう。
ルールから得られる条件によって，次の一手が得られることに気付けるかどうかがポイントです。

step 1　〔　　月　　日〕

24 ブロック分《わ》け II

目標時間は5分

分　　秒

Q ルールにしたがって，ブロックに分《わ》けましょう。

6		2				6	6
			2	6			4
2		6			2		4
			3	4			3
4		4	2			2	3
3					3		
3		2	6				4
2		6			4		2

ルール

① 空《あ》いたマスすべてに１けたの数字《すうじ》（１～９）を入れます。
② 全体《ぜんたい》をいくつかのブロックに分《わ》けます。
③ １つのブロックは必《かなら》ず，たてまたは横《よこ》につながります。
④ １つのブロックにはすべて同《おな》じ数《すう》が入ります。
⑤ ブロックに入る数《すう》は，そのブロックにふくまれるマスの数《かず》と同《おな》じです。
⑥ 同じ数《すう》の入る異《こと》なるブロックが，たて，横に接《せつ》することはありません。

「推理」や「条件整理」の感覚を育成するパズルです。解き方（ルール）を丁寧に理解しましょう。ルールから得られる条件によって，次の一手が得られることに気付けるかどうかがポイントです。

step 1　〔　　月　　日〕

25 数《かず》当《あ》て

目標時間は５分

分　　秒

Q ルールにしたがって，数字《すうじ》を入《い》れましょう。

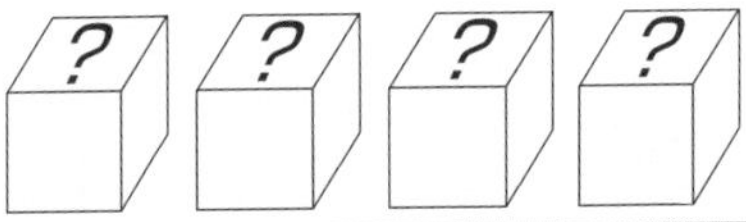

A	○○△	4	1	6	2
B	○△△	6	4	2	3
C	△△	6	2	4	5

ルール

① はこが４つあります。はこの中《なか》に数字《すうじ》が入《はい》っています。
A～Cの３人《にん》がはこの中の数当《かずあ》てをしています。

② ○は，正確《せいかく》に当てることができた数字の数を表《あらわ》しています。

③ △は，はこをまちがえた数字の数を表しています。

④ はこの中には同《おな》じ数字は入りません。

⑤ ４つのはこの中に入っている数字を求《もと》めなさい。

「推理」や「条件整理」の感覚を育成するパズルです。仮説を立てながら条件を整理する高レベルのパズルです。条件として適切なポイントを見極めながら，正確に導いていきましょう。はじめのうちは時間を気にせずじっくり解きましょう。

step 1　　〔　月　日〕

26 数《かず》当《あ》て

目標時間は５分

分　秒

Q ルールにしたがって，数字《すうじ》を入《い》れましょう。

		?	?	?	?
A	○○△	1	6	5	4
B	○△△	5	1	4	2
C	△△	5	4	1	3

ルール

① はこが４つあります。はこの中《なか》に数字《すうじ》が入《はい》っています。
　Ａ～Ｃの３人《にん》がはこの中の数当《かずあ》てをしています。

② ○は，正確《せいかく》に当てることができた数字の数を表《あらわ》しています。

③ △は，はこをまちがえた数字の数を表しています。

④ はこの中には同《おな》じ数字は入りません。

⑤ ４つのはこの中に入っている数字を求《もと》めなさい。

「推理」や「条件整理」の感覚を育成するパズルです。仮説を立てながら条件を整理する高レベルのパズルです。条件として適切なポイントを見極めながら，正確に導いていきましょう。はじめのうちは時間を気にせずじっくり解きましょう。

step 1　〔　　月　　日〕

27 たてよこにたす

目標時間は5分

分　　秒

Q ルールにしたがって，数字《すうじ》を入《い》れましょう。

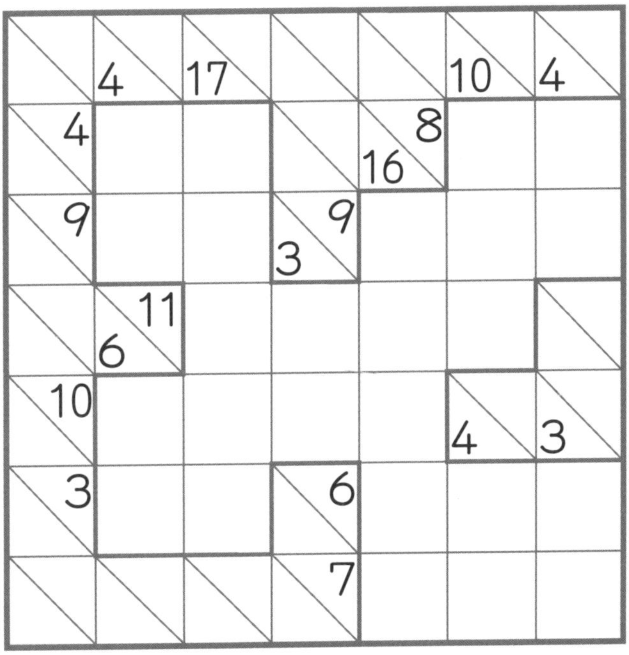

ルール

① 太線内《ふとせんない》の正方形《せいほうけい》のマスの中《なか》に1～9の数字《すうじ》を入《い》れます。

② 三角《さんかく》マスの数《すう》の右《みぎ》または下《した》のひと続《つづ》きの正方形のマス（このパズルの場合《ばあい》，2マスまたは3マスまたは4マスまたは5マス）の数《すう》の和《わ》が，その三角マスの数《すう》に等《ひと》しくなるようにします。

③ ひと続きの正方形のマスの中に同《おな》じ数《すう》を入《い》れてはいけません。

たとえば，下のようにア，イ，ウの和は7ですが，この組《く》み合《あ》わせは｛1，2，4｝だけで，｛1，1，5｝，｛2，2，3｝はどちらも同じ数《すう》が入《はい》っているので，ルールに反します。

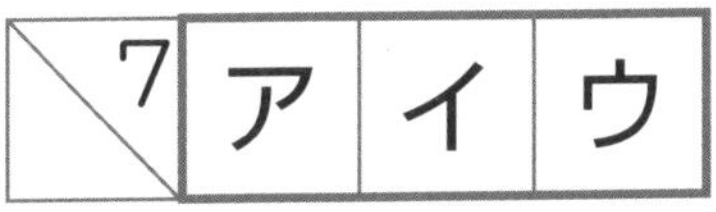

「数」と「条件整理」の感覚を同時に養うパズルです。簡単なたし算を利用するシンプルな問題ですが，条件を加えると難易度が増します。
解き方（ルール）に従って，どこからスタートさせるかを考えることも重要なパズルです。

step 1

〔　　月　　日〕

28 たてよこにたす

目標時間は５分

分　　秒

Q ルールにしたがって，数字《すうじ》を入《い》れましょう。

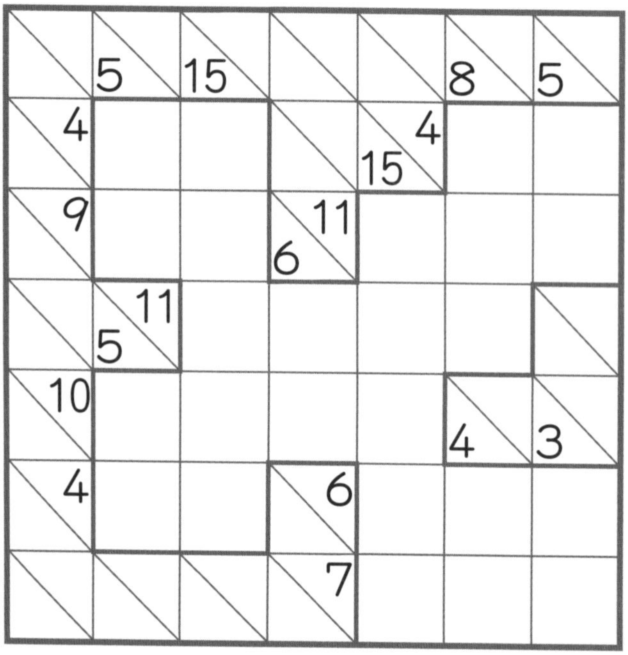

ルール

① 太線内《ふとせんない》の正方形《せいほうけい》のマスの中《なか》に１～９の数字《すうじ》を入《い》れます。

② 三角《さんかく》マスの数《すう》の右《みぎ》または下《した》のひと続《つづ》きの正方形のマス（このパズルの場合《ばあい》，２マスまたは３マスまたは４マスまたは５マス）の数《すう》の和《わ》が，その三角マスの数《すう》に等《ひと》しくなるようにします。

③ ひと続きの正方形のマスの中に同《おな》じ数《すう》を入《い》れてはいけません。

たとえば，下のようにア，イ，ウの和は７ですが，この組《く》み合《あ》わせは｛1，2，4｝だけで，｛1，1，5｝，｛2，2，3｝はどちらも同じ数《すう》が入《はい》っているので，ルールに反します。

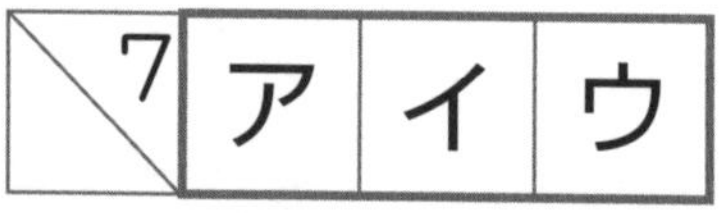

「数」と「条件整理」の感覚を同時に養うパズルです。簡単なたし算を利用するシンプルな問題ですが，条件を加えると難易度が増します。
解き方（ルール）に従って，どこからスタートさせるかを考えることも重要なパズルです。

step 1 〔　月　日〕

29 推理算《すいりざん》

目標時間は３分

分　秒

Q 次《つぎ》の問題《もんだい》を図《ず》やメモはかかないで，頭《あたま》の中《なか》で考《かんが》えて解《と》きましょう。わからなかったり，まちがえた場合《ばあい》に図《ず》をかいて確認《かくにん》してください。

（1） A，B，C，Dの４人《にん》が 100 m《メートル》競走《きょうそう》をしました。
その結果《けっか》について，４人が次のように言《い》っています。

A「ぼくは４位《い》だった。」
B「ぼくはC君《くん》に勝《か》った。」
C「ぼくは１位か２位だった。」
D「ぼくより速《はや》い人がいた。」

しかし，４人が言っていることはすべてウソでした。
このとき，４人の順位《じゅんい》を答《こた》えなさい。

1位		2位		3位		4位	

（2） A，B，C，D，Eの５人がボール投《な》げをしました。
その結果について，５人が次のように言っています。

A「私《わたし》より遠《とお》くに投げた人が３人いました。」
B「私はAさんには勝った。」
C「私は１位でも３位でもなかった。」
D「私の順位は奇数番目《きすうばんめ》だ。」
E「私は１位だった。」

しかし，A，B，Cの３人は本当《ほんとう》のことを言っていますが，D，Eの２人《ふたり》はウソを言っています。このとき，５人の順位を答えなさい。

1位		2位		3位		4位		5位	

「論理思考」と「条件整理」の感覚を育成するパズルです。複数の条件を整理しながら考える必要があります。どうしてもわからない場合は表などを使って考えてもかまいませんが，整理をする力を養うためにも頭の中だけで考えましょう。

step 1　　　　　　　　　　〔　月　日〕

30 推《すい》理《り》算《ざん》

目標時間は３分
分　秒

Q 次《つぎ》の問題《もんだい》を図《ず》やメモはかかないで，頭《あたま》の中《なか》で考《かんが》えて解《と》きましょう。わからなかったり，まちがえた場合《ばあい》に図《ず》をかいて確認《かくにん》してください。

（1）　A，B，C，Dの４人《にん》が 100 m《メートル》競走《きょうそう》をします。
太郎君《たろうくん》，次郎君《じろうくん》，三郎君《さぶろうくん》の３人が結果《けっか》を次のように予想《よそう》しました。

太郎君「AはきっとBとDに負《ま》けるよ。」
次郎君「４位《い》はたぶんBだ。」
三郎君「Cは１位にはならないと思《おも》う。」

しかし，競走をしたところ，３人の予想はそれぞれ全《まった》くはずれてしまいました。
このとき，４人の順位《じゅんい》を答えなさい。

１位		２位		３位		４位	

（2）　A，B，C，Dの４人がパン食《く》い競走をします。
太郎君と次郎君が結果を次のように予想しました。

	１位	２位	３位	４位
太郎君	C	B	A	D
次郎君	B	D	C	A

しかし，競走をしたところ，次郎君が予想した２位のDだけが当たりました。
このとき，４人の順位を答えなさい。

１位		２位		３位		４位	

「論理思考」と「条件整理」の感覚を育成するパズルです。複数の条件を整理しながら考える必要があります。どうしてもわからない場合は表などを使って考えてもかまいませんが，整理をする力を養うためにも頭の中だけで考えましょう。

31 論《ろん》　法《ぽう》

目標時間は３分

分　　秒

Q 次《つぎ》の問《と》いに答《こた》えなさい。

Ａ，Ｂ，Ｃ，Ｄ，Ｅ，Ｆの６人《にん》が 100 m《メートル》競走《きょうそう》を２回《かい》しました。１回目《かいめ》の順位《じゅんい》は，Ａが１位《い》でＥが２位，Ｂが６位でした。また，２回目の順位は次のようになりました。

- Ａは４つ順位が下《さ》がった。
- Ｂは４つ順位が上《あ》がった。
- Ｃは２つ順位が上がった。
- Ｄは順位が変《か》わらなかった。
- Ｅは１つ順位が下がった。

このとき，Ｆの１回目と２回目の順位として正《ただ》しいのはどれですか。次の１～５から選《えら》び，番号《ばんごう》で答えなさい。

	１回目	２回目
１．	３位	１位
２．	４位	４位
３．	５位	６位
４．	５位	４位
５．	６位	１位

「論理思考」と「条件整理」の感覚を育成するパズルです。複数の条件を整理しながら考える必要があります。どうしてもわからない場合は表などを使って考えてもかまいませんが，整理をする力を養うためにも頭の中だけで考えましょう。

〔　　月　　日〕

32 論《ろん》　法《ぽう》

目標時間は３分

分　　秒

Q 次《つぎ》の問《と》いに答《こた》えなさい。

Ａ，Ｂ，Ｃ，Ｄ，Ｅ，Ｆの６人《にん》が 100 m《メートル》競走《きょうそう》をしました。その結果《けっか》について，４人《にん》が次のように言《い》っています。

Ａ：「ぼくはＥより後《あと》にゴールした。」
Ｂ：「ぼくはＤより後にゴールした。」
Ｃ：「ぼくはＥより先《さき》にゴールした。」
Ｄ：「ぼくはＦより先にゴールした。」

このとき，全員《ぜんいん》の順位《じゅんい》を確定《かくてい》するためのＦの発言《はつげん》としてふさわしいのはどれですか。

次の１～５から選《えら》び，番号《ばんごう》で答えなさい。ただし，同《おな》じ順位の人《ひと》はいなかったものとします。

1．「ぼくはＡやＢより後《あと》にゴールした。」
2．「ぼくはＢやＣより先《さき》にゴールした。」
3．「ぼくはＣより先にゴールしたが，Ｂより後にゴールした。」
4．「ぼくはＤの次にゴールし，Ｃより後にゴールした。」
5．「ぼくはＥの次に５着《ちゃく》でゴールした。」

「論理思考」と「条件整理」の感覚を育成するパズルです。複数の条件を整理しながら考える必要があります。どうしてもわからない場合は表などを使って考えてもかまいませんが，整理をする力を養うためにも頭の中だけで考えましょう。

〔　　月　　日〕

33 四角《しかく》に分《わ》ける

目標時間は5分

分　　秒

Q ルールにしたがって，線《せん》を引《ひ》いて
いくつかの四角《しかく》に分《わ》けましょう。

		6						
						9		
9			9		6			
	6							6
					6			
				9				
		6						
						9		

ルール

① 図《ず》のマスを１つもあまらないように正方形《せいほうけい》または長方形《ちょうほうけい》に分けます。
② １つの正方形または長方形の中《なか》には必《かなら》ず数字《すうじ》が１つ入《はい》ります。
③ ②の数字はその正方形または長方形にふくまれるマスの数《かず》を表《あらわ》します。
④ 同《おな》じマスを２つの正方形または長方形が同時《どうじ》に使《つか》うことはできません。

「平面図形」と「条件整理」の感覚を同時に養うパズルです。解き方（ルール）を丁寧に理解しましょう。長方形・正方形の広さを感覚的にとらえながら，条件整理することで完成します。キーとなるところを見極めましょう。

〔　　月　　日〕

34 四角《しかく》に分《わ》ける

目標時間は5分

分　　秒

Q ルールにしたがって，線《せん》を引《ひ》いて
いくつかの四角《しかく》に分《わ》けましょう。

		6			6		6		
4									
			4						
		6						6	
	4			4				4	
						4			4
6				6					6
		6							
	4				4			4	
			6						

ルール

① 図《ず》のマスを1つもあまらないように正方形《せいほうけい》または長方形《ちょうほうけい》に分けます。
② 1つの正方形または長方形の中《なか》には必《かなら》ず数字《すうじ》が1つ入《はい》ります。
③ ②の数字はその正方形または長方形にふくまれるマスの数《かず》を表《あらわ》します。
④ 同《おな》じマスを2つの正方形または長方形が同時《どうじ》に使《つか》うことはできません。

「平面図形」と「条件整理」の感覚を同時に養うパズルです。解き方（ルール）を丁寧に理解しましょう。長方形・正方形の広さを感覚的にとらえながら，条件整理することで完成します。キーとなるところを見極めましょう。

step 2　〔　　月　　日〕

35 ビルディング

目標時間は5分
分　秒

Q ルールにしたがって，ビルが何階建《なんかいだ》てなのかを数字《すうじ》で答《こた》えましょう。

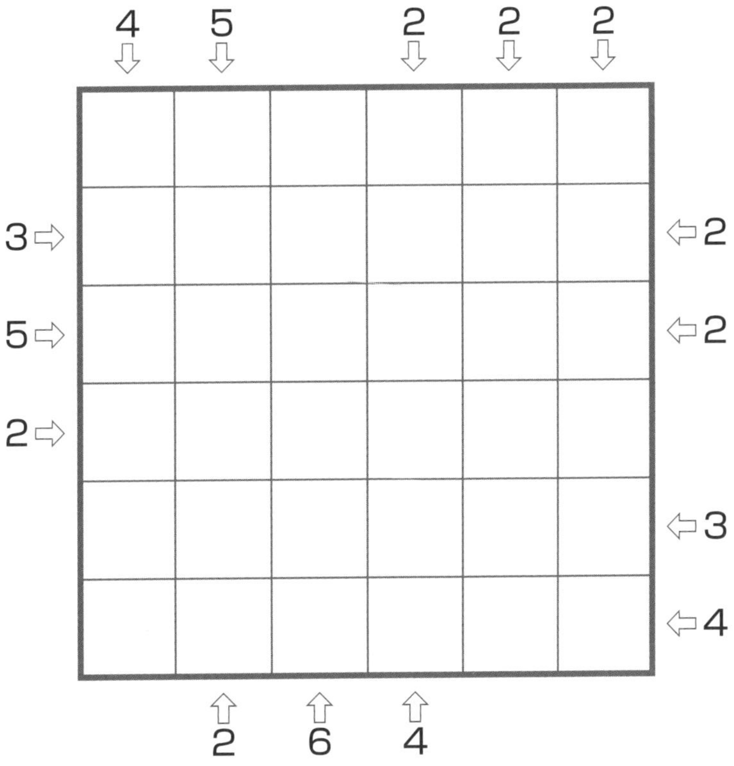

ルール

① あなたは空《そら》から町《まち》を見《み》ています。

② それぞれのマスには，1階建《かいだ》てから6階建てのビルが建《た》っています。ただ，空から見ているので何《なん》階建てかわかりません。

③ 矢印《やじるし》の数字《すうじ》は，その場所《ばしょ》から見えるビルの数《かず》です。

④ この数字をヒントにマスの中のビルが何階建てなのか答《こた》えてください。

⑤ ただし，同《おな》じ列《れつ》（たて・横《よこ》）に同じ数字は入《はい》りません。

「立体図形」と「条件整理」の感覚を同時に養うパズルです。解き方（ルール）を丁寧に理解しましょう。立体イメージで整理する部分と，条件で整理をする部分を相互に使い分けながら完成させるため，高度な整理力が身につきます。

step 2

〔　　月　　日〕

36 ビルディング

目標時間は5分

分　　秒

Q ルールにしたがって，ビルが何《なん》階《かい》建《だ》てなのかを数字《すうじ》で答《こた》えましょう。

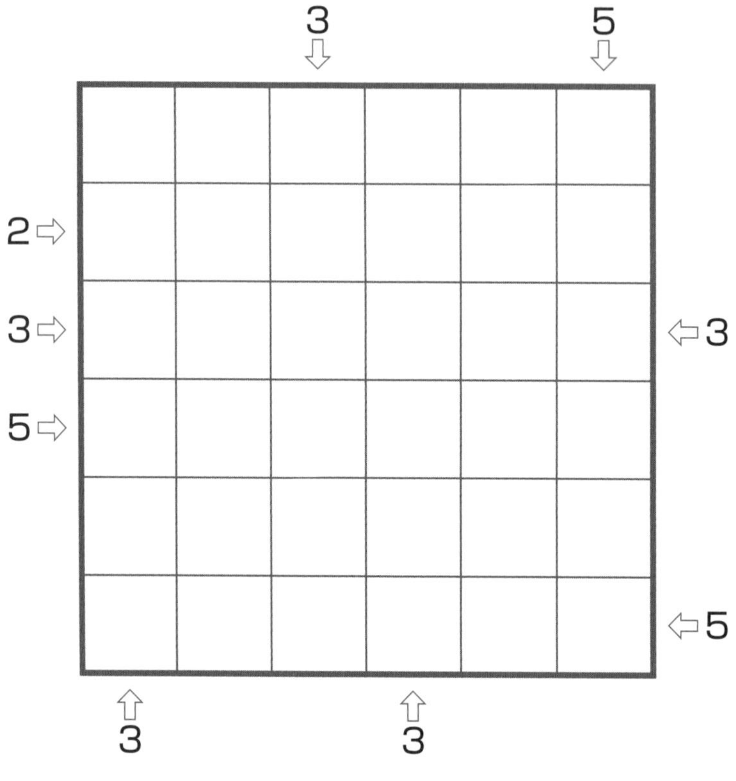

ルール

① あなたは空《そら》から町《まち》を見《み》ています。

② それぞれのマスには，１階《かい》建《だ》てから６階建てのビルが建《た》っています。ただ，空から見ているので何《なん》階建てかわかりません。

③ 矢印《やじるし》の数字《すうじ》は，その場所《ばしょ》から見えるビルの数《かず》です。

④ この数字をヒントにマスの中のビルが何階建てなのか答《こた》えてください。

⑤ ただし，同《おな》じ列《れつ》（たて・横《よこ》）に同じ数字は入《はい》りません。

「立体図形」と「条件整理」の感覚を同時に養うパズルです。解き方（ルール）を丁寧に理解しましょう。立体イメージで整理する部分と，条件で整理をする部分を相互に使い分けながら完成させるため，高度な整理力が身につきます。

〔　　月　　日〕

37 サイコロを作《つく》る

目標時間は5分

分　　秒

Q ルールにしたがって，不要《ふよう》な面《めん》には×をつけ，展開図《てんかいず》のまわりを太線《ふとせん》で囲《かこ》みましょう。

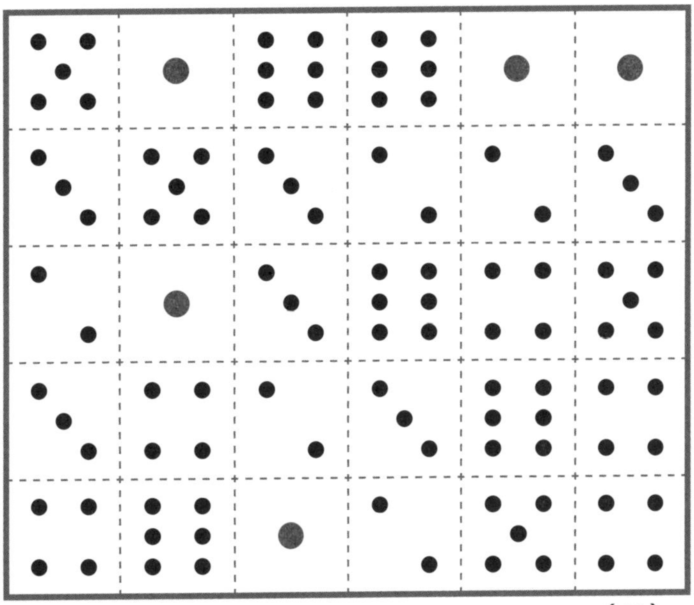

（3）

ルール

① 図《ず》から，かっこ内《ない》の数《かず》だけさいころの展開図《てんかいず》を切《き》り取《と》ります。
（向《む》かい合《あ》った面《めん》の目《め》の数の和《わ》はどこも7にならなければなりません）

② 同《おな》じ面を2回使《かいつか》うことはできません。

③ 不要《ふよう》な面には×をつけ，展開図《てんかいず》のまわりを太線《ふとせん》で囲《かこ》みなさい。

④ 立方体《りっぽうたい》の展開図は以下《いか》の11通《とお》りです。

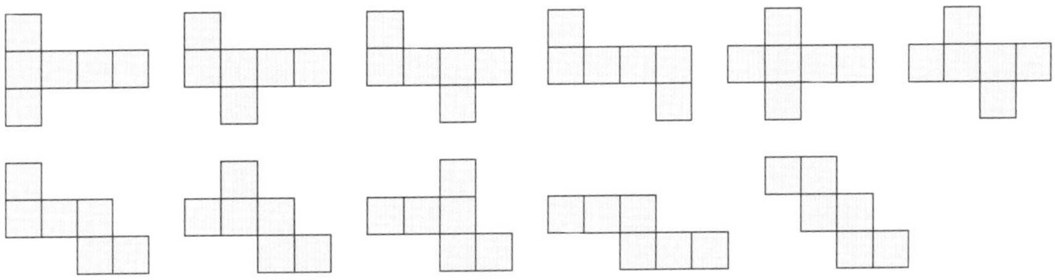

「立体図形」と「条件整理」の感覚を同時に養う高度なパズルです。展開図の特徴も確認しておきましょう。立体イメージで整理する部分と，条件で整理をする部分を相互に使い分けながら完成させるため，高度な整理力が身につきます。

step 2　〔　月　日〕

38 サイコロを作《つく》る

目標時間は５分
分　秒

Q ルールにしたがって，不要《ふよう》な面《めん》には×をつけ，
展開図《てんかいず》のまわりを太線《ふとせん》で囲《かこ》みましょう。

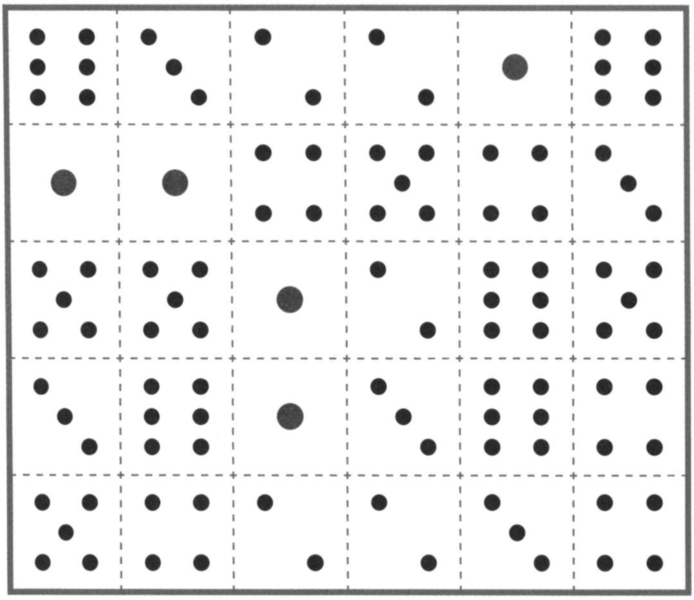

（3）

ルール

① 図《ず》から，かっこ内《ない》の数《かず》だけさいころの展開図《てんかいず》を切《き》り取《と》ります。
（向《む》かい合《あ》った面《めん》の目《め》の数の和はどこも 7 にならなければなりません）

② 同《おな》じ面を 2 回使《かいつか》うことはできません。

③ 不要《ふよう》な面には×をつけ，展開図《てんかいず》のまわりを太線《ふとせん》で囲《かこ》みなさい。

④ 立方体《りっぽうたい》の展開図は以下《いか》の 11 通《とお》りです。

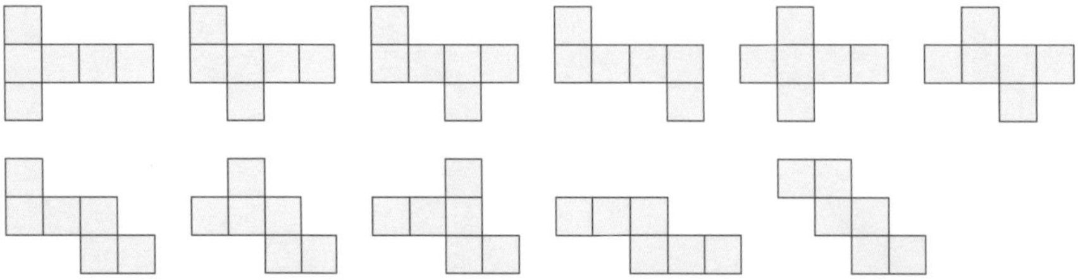

「立体図形」と「条件整理」の感覚を同時に養う高度なパズルです。展開図の特徴も確認しておきましょう。立体イメージで整理する部分と，条件で整理をする部分を相互に使い分けながら完成させるため，高度な整理力が身につきます。

39 ナンバープレイス スペシャル

目標時間は５分

分　秒

Q ルールにしたがって，数字《すうじ》を入《い》れましょう。

		1			7		2	8
			5		1		6	
9			4					
	2				8			3
					3	8		7
	6					1		
		3				9		
	9		1	2				
4		2		8				

ルール

① 空《あ》いたマスに１～９の数字《すうじ》を入れます。
② たて・横《よこ》のそれぞれ９列《れつ》に１～９が１回《かい》ずつ入《はい》ります。
③ 太線《ふとせん》で囲《かこ》まれた９つのブロックにも，１～９が１回ずつ入ります。

「推理」や「条件整理」の感覚を育成するパズルです。複数の条件を同時に考える必要があります。じっくり条件を見極めながら，あてはまるものを粘り強く考えましょう。

step 2

〔　　月　　日〕

40 ナンバープレイス スペシャル

目標時間は５分

分　　秒

Q ルールにしたがって，数字《すうじ》を入《い》れましょう。

						8		3
	4	8	1		6			
5				9		1		
	7		4					
7		1					9	
					9			6
			9	5			2	
	5				8		4	
9		7				4		

ルール

① 空《あ》いたマスに１～９の数字《すうじ》を入れます。

② たて・横《よこ》のそれぞれ９列《れつ》に１～９が１回《かい》ずつ入《はい》ります。

③ 太線《ふとせん》で囲《かこ》まれた９つのブロックにも，１～９が１回ずつ入ります。

「推理」や「条件整理」の感覚を育成するパズルです。複数の条件を同時に考える必要があります。じっくり条件を見極めながら，あてはまるものを粘り強く考えましょう。

step 2　〔　　月　　日〕

41 ナンバーリンク

目標時間は5分

分　　秒

Q ルールにしたがって，同《おな》じ数字《すうじ》どうしを線《せん》で結《むす》びましょう。

4									
5								3	
6									
				3	1		4	5	
				1	2				
	7							7	
								6	2

ルール

① 同《おな》じ数字《すうじ》どうしをたて・横《よこ》の線《せん》で結《むす》びます。

② 線はマスの真《ま》ん中《なか》を通《とお》ります。

③ 線どうしが交《まじ》わってはいけません。

④ 線は数字の入《はい》っているマスは通《とお》れません。

⑤ 数字の入っていないすべてのマスを線は１回《かい》だけ通ります。

「推理」や「条件整理」の感覚を育成するパズルです。複数の条件を同時に考える必要があります。最短距離で選ぶと条件が整わないことなどを見極めながら，全体像と条件整理をバランスよく考えましょう。

〔　月　日〕

42 ナンバーリンク

目標時間は5分

分　秒

Q ルールにしたがって，同《おな》じ数字《すうじ》どうしを線《せん》で結《むす》びましょう。

						5			
	3					2		7	
	4		2			3			
									4
	1				1				
	7							8	
	6	8							
						5	6		

ルール

① 同《おな》じ数字《すうじ》どうしをたて・横《よこ》の線《せん》で結《むす》びます。

② 線はマスの真《ま》ん中《なか》を通《とお》ります。

③ 線どうしが交《まじ》わってはいけません。

④ 線は数字の入《はい》っているマスは通《とお》れません。

⑤ 数字の入っていないすべてのマスを線は1回《かい》だけ通ります。

「推理」や「条件整理」の感覚を育成するパズルです。複数の条件を同時に考える必要があります。最短距離で選ぶと条件が整わないことなどを見極めながら，全体像と条件整理をバランスよく考えましょう。

〔　月　日〕

43 道《みち》をつくる

目標時間は5分

分　秒

Q ルールにしたがって，スタートからゴールまで線《せん》で結《むす》びましょう。

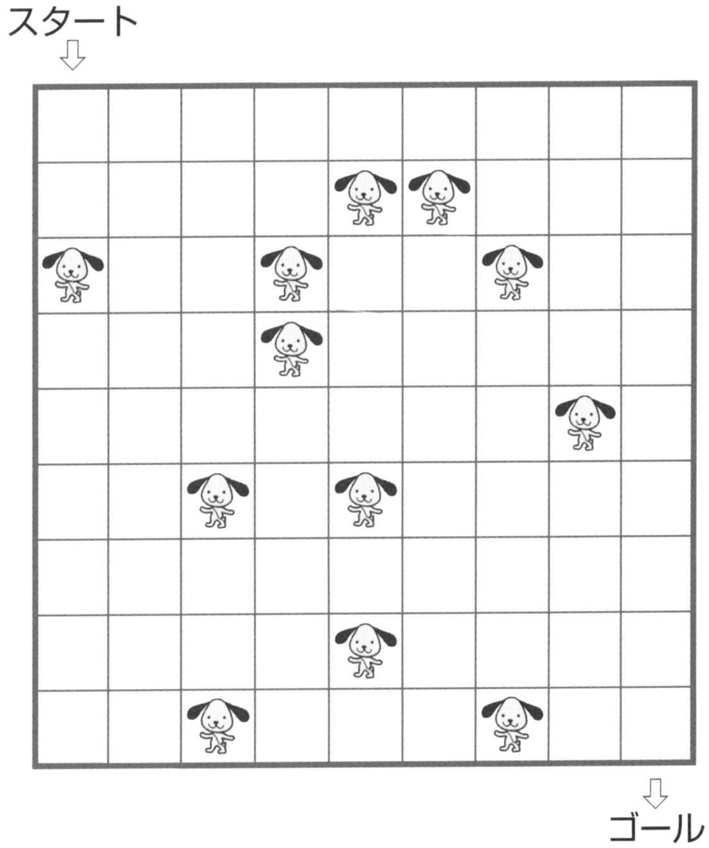

ルール

① スタートからゴールまでの道順《みちじゅん》を記入《きにゅう》します。

② のいるマスは通《とお》れません。

③ のいないすべてのマスを通らなければなりません。

④ 同じマスを2回以上《かいいじょう》通ってはいけません。

⑤ 進《すす》める方向《ほうこう》はたてと横《よこ》だけで，ななめには進めません。

「推理」や「条件整理」の感覚を育成するパズルです。複数の条件を同時に考える必要があります。条件にあてはまるものとそうでないものを判断しながら考えることで正しいものを選択する力が身につきます。

step 2

〔　　月　　日〕

44 道《みち》をつくる

目標時間は5分

分　　秒

Q ルールにしたがって，スタートからゴールまで線《せん》で結《むす》びましょう。

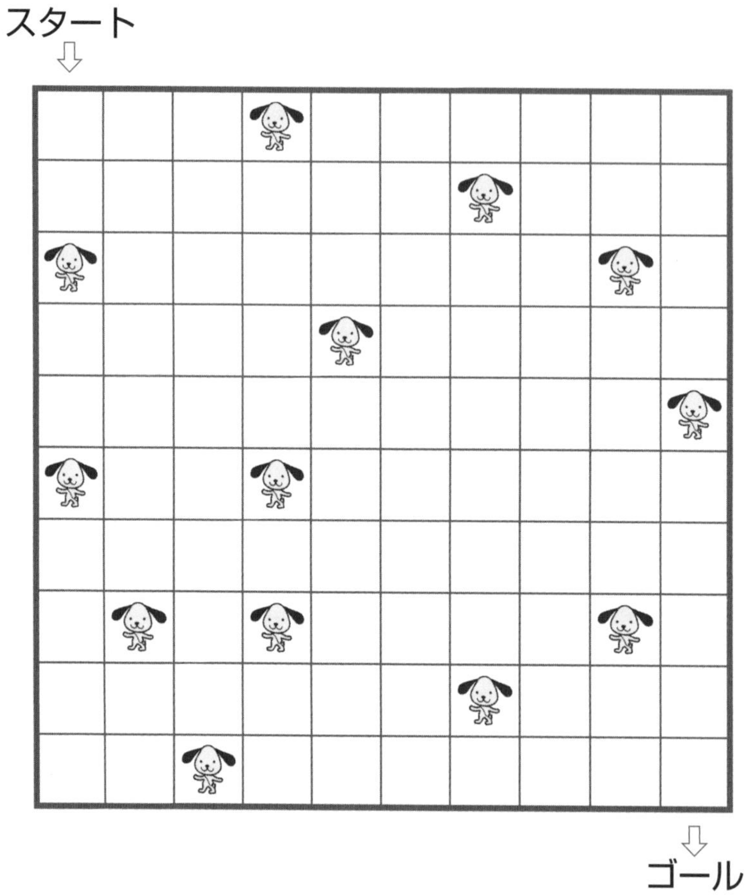

ルール

① スタートからゴールまでの道順《みちじゅん》を記入《きにゅう》します。

② のいるマスは通《とお》れません。

③ のいないすべてのマスを通らなければなりません。

④ 同じマスを２回以上《かいいじょう》通ってはいけません。

⑤ 進《すす》める方向《ほうこう》はたてと横《よこ》だけで，ななめには進めません。

「推理」や「条件整理」の感覚を育成するパズルです。複数の条件を同時に考える必要があります。
条件にあてはまるものとそうでないものを判断しながら考えることで正しいものを選択する力が身につきます。

〔　　月　　日〕

45 道《みち》をつくる Ⅱ

目標時間は５分

分　　秒

Q ルールにしたがって，スタートからゴールまで線《せん》で結《むす》びましょう。

スタート ⇩

9	3	7	5	5	5	6	3	8	
									9
									8
									3
									7
									3
									3
									8
									1
									9

⇩ ゴール

ルール

① スタートからゴールまでの道順《みちじゅん》を記入《きにゅう》します。

② 同じマスを２回《かい》以《い》上《じょう》通《とお》ることはできません。

③ 進《すす》める方向《ほうこう》は，たてと横《よこ》だけで，ななめには進《すす》めません。

④ 数字《すうじ》は，その列《れつ》のマスのうち，道が通るマスの数《かず》を表《あらわ》しています。

「数」と「条件整理」の感覚を同時に養うパズルです。解き方（ルール）を丁寧に理解しましょう。
道をつくるの特性に条件を組み合わせたパズルであることを理解し，数量の変化を気にしながら条件を整理しましょう。

step 2　〔　　月　　日〕

46 道《みち》をつくる Ⅱ

目標時間は5分
分　　秒

Q ルールにしたがって，スタートからゴールまで線《せん》で結《むす》びましょう。

スタート ⇩

1	5	6	4	5	3	5	6	5	3	
										5
										3
										8
										3
										1
										4
										7
										1
										2
										9

⇩ ゴール

ルール

① スタートからゴールまでの道順《みちじゅん》を記入《きにゅう》します。

② 同じマスを2回《かい》以《い》上《じょう》通《とお》ることはできません。

③ 進《すす》める方向《ほうこう》は，たてと横《よこ》だけで，ななめには進《すす》めません。

④ 数字《すうじ》は，その列《れつ》のマスのうち，道が通るマスの数《かず》を表《あらわ》しています。

「数」と「条件整理」の感覚を同時に養うパズルです。解き方（ルール）を丁寧に理解しましょう。道をつくるの特性に条件を組み合わせたパズルであることを理解し，数量の変化を気にしながら条件を整理しましょう。

step 2　〔　　月　　日〕

47 宝《たから》探《さが》し

目標時間は5分
分　　秒

Q ルールにしたがって，○をつけましょう。

1				2		1
		1				
2					3	
				3		1
		1	1			
					1	
	1		3		1	

（10）

ルール

① 図《ず》のマスの中に，かっこ内《ない》の数《かず》だけ宝物《たからもの》がかくれています。
そのマスに○をつけて下さい。

② 数字《すうじ》の入《はい》っているマスには宝物はかくれていません。

③ 数字はそのまわりにかくれている宝物の数を表《あらわ》しています。

「推理」や「条件整理」の感覚を育成するパズルです。それぞれの数の持つ条件と全体数の条件を相互に確認する必要があります。
必ず条件にあてはまるものを導きながら，正しい条件を整理していく必要があります。

step 2　〔　　月　　日〕

48 宝《たから》探《さが》し

目標時間は５分

分　　秒

Q ルールにしたがって，○をつけましょう。

2			1			
				4		2
1		1				
				1		
		3		2		
1						
	1		1			1

(10)

ルール

① 図《ず》のマスの中に，かっこ内《ない》の数《かず》だけ宝物《たからもの》がかくれています。
そのマスに○をつけて下さい。

② 数字《すうじ》の入《はい》っているマスには宝物はかくれていません。

③ 数字はそのまわりにかくれている宝物の数を表《あらわ》しています。

「推理」や「条件整理」の感覚を育成するパズルです。それぞれの数の持つ条件と全体数の条件を相互に確認する必要があります。
必ず条件にあてはまるものを導きながら，正しい条件を整理していく必要があります。

〔　月　日〕

49 ブロック分《わ》け

目標時間は5分

分　秒

Q ルールにしたがって，ブロックに分《わ》けましょう。

1	2	5	3	7	2	5	1	2
4	6	5	1	3	3	4	4	3
7	6	4	2	6	7	6	6	5
7	2	1	1	6	6	7	7	7
3	5	4	2	2	5	1	4	4
3	5	4	7	7	1	2	3	3
3	5	4	1	6	1	2	5	6

ルール

① 全体《ぜんたい》を９個《こ》のブロック（かたまり）に分《わ》けます。

② １つのブロックには，１～７の数字《すうじ》が１個ずつふくまれます。

③ ブロックは，辺《へん》どうしが接《せっ》していれば，どのような形《かたち》でもかまいません。

「推理」や「条件整理」の感覚を育成するパズルです。それぞれのブロックに分けられる絶対的な条件を導き出しましょう。
同じブロックにあてはまるのか，それとも異なるブロックになるのかを見極めるポイントが重要です。

step 2　　〔　月　日〕

50 ブロック分《わ》け

目標時間は5分

分　秒

Q ルールにしたがって，ブロックに分《わ》けましょう。

6	1	5	1	4	2	3	6	2
2	3	4	6	3	1	4	5	2
2	5	4	6	3	1	1	5	4
1	5	4	6	3	2	5	3	6
3	5	4	6	1	2	5	1	6
3	4	1	6	2	3	3	5	1
2	4	1	6	5	4	4	2	2
2	3	1	6	5	5	6	4	3

ルール

① 全体《ぜんたい》を 12 個《こ》のブロック（かたまり）に分《わ》けます。

② 1つのブロックには，1～6の数字《すうじ》が1個ずつふくまれます。

③ ブロックは，辺《へん》どうしが接《せっ》していれば，どのような形《かたち》でもかまいません。

「推理」や「条件整理」の感覚を育成するパズルです。それぞれのブロックに分けられる絶対的な条件を導き出しましょう。
同じブロックにあてはまるのか，それとも異なるブロックになるのかを見極めるポイントが重要です。

〔　　月　　日〕

51 ブロック分《わ》け Ⅱ

目標時間は５分

分　　秒

Q ルールにしたがって，ブロックに分《わ》けましょう。

4			5	3	4			3
5								4
6								
			2	3		3		
	4							3
			4	6				5
			6		4		2	
6			3	4	2		2	

ルール

① 空《あ》いたマスすべてに１けたの数字《すうじ》（１～９）を入れます。
② 全体《ぜんたい》をいくつかのブロックに分《わ》けます。
③ １つのブロックは必《かなら》ず，たてまたは横《よこ》につながります。
④ １つのブロックにはすべて同《おな》じ数《すう》が入ります。
⑤ ブロックに入る数《すう》は，そのブロックにふくまれるマスの数《かず》と同《おな》じです。
⑥ 同じ数《すう》の入る異《こと》なるブロックが，たて，横に接《せっ》することはありません。

「推理」や「条件整理」の感覚を育成するパズルです。解き方（ルール）を丁寧に理解しましょう。
ルールから得られる条件によって，次の一手が得られることに気付けるかどうかがポイントです。

〔　　月　　日〕

52 ブロック分《わ》け Ⅱ

目標時間は５分
分　　秒

Q ルールにしたがって，ブロックに分《わ》けましょう。

5	6	2			7			5
								4
			2					8
6				6				
4				5			2	
9		1	4		2			
						2		
1			4	5	4		2	

ルール

① 空《あ》いたマスすべてに1けたの数字《すうじ》（1～9）を入れます。
② 全体《ぜんたい》をいくつかのブロックに分《わ》けます。
③ 1つのブロックは必《かなら》ず，たてまたは横《よこ》につながります。
④ 1つのブロックにはすべて同《おな》じ数《すう》が入ります。
⑤ ブロックに入る数《すう》は，そのブロックにふくまれるマスの数《かず》と同《おな》じです。
⑥ 同じ数《すう》の入る異《こと》なるブロックが，たて，横に接《せっ》することはありません。

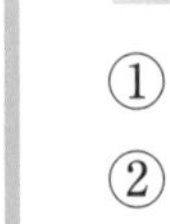

「推理」や「条件整理」の感覚を育成するパズルです。解き方（ルール）を丁寧に理解しましょう。
ルールから得られる条件によって，次の一手が得られることに気付けるかどうかがポイントです。

〔　　月　　日〕

53 数《かず》当《あ》て

目標時間は5分

分　　秒

Q ルールにしたがって，数字《すうじ》を入《い》れましょう。

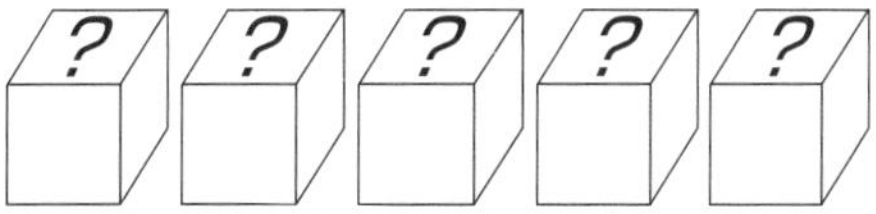

A	○	△	△	9	1	8	0	3
B	○	△	△	6	8	7	9	0
C	○	△	△	5	6	1	4	2
D	○	△	△	4	5	0	3	9
E	○	△	△	1	2	5	7	6

ルール

① はこが5つあります。はこの中《なか》に数字《すうじ》が入《はい》っています。
A～Eの5人《にん》がはこの中の数当《かずあ》てをしています。

② ○は，正確《せいかく》に当てることができた数字の数を表《あらわ》しています。

③ △は，はこをまちがえた数字の数を表しています。

④ はこの中には同《おな》じ数字は入りません。

⑤ 5つのはこの中に入っている数字を求《もと》めなさい。

「推理」や「条件整理」の感覚を育成するパズルです。仮説を立てながら条件を整理する高レベルのパズルです。条件として適切なポイントを見極めながら，正確に導いていきましょう。はじめのうちは時間を気にせずじっくり解きましょう。

54 数《かず》当《あ》て

目標時間は5分
分　　秒

Q ルールにしたがって，数字《すうじ》を入《い》れましょう。

		?	?	?	?	?
A	○△△	9	0	2	3	4
B	○△△	3	4	5	9	0
C	○△△	6	1	8	7	9
D	○△△	5	8	7	4	6
E	○△△	8	7	1	2	3

ルール

① はこが５つあります。はこの中《なか》に数字《すうじ》が入《はい》っています。
A～Eの５人《にん》がはこの中の数当《かずあ》てをしています。
② ○は，正確《せいかく》に当てることができた数字の数を表《あらわ》しています。
③ △は，はこをまちがえた数字の数を表しています。
④ はこの中には同《おな》じ数字は入りません。
⑤ ５つのはこの中に入っている数字を求《もと》めなさい。

「推理」や「条件整理」の感覚を育成するパズルです。仮説を立てながら条件を整理する高レベルのパズルです。条件として適切なポイントを見極めながら，正確に導いていきましょう。はじめのうちは時間を気にせずじっくり解きましょう。

55 たてよこにたす

目標時間は5分

分　秒

Q ルールにしたがって，数字《すうじ》を入《い》れましょう。

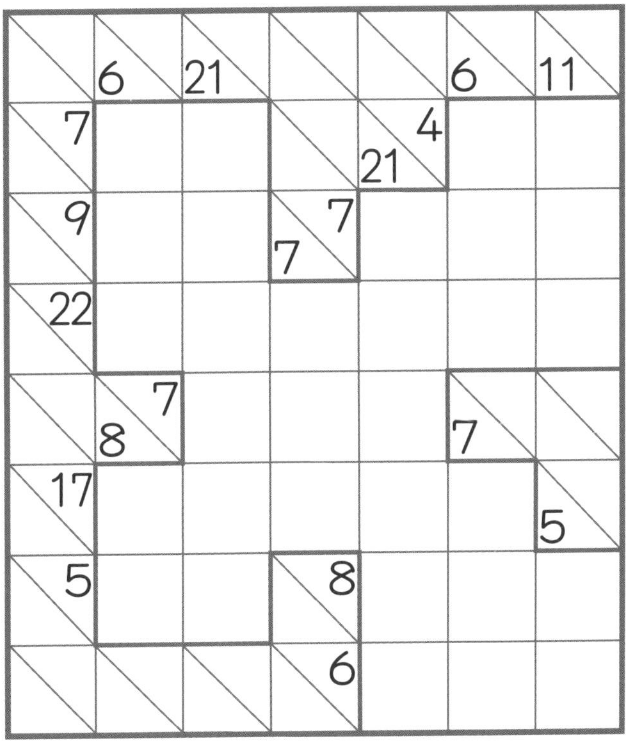

ルール

① 太線内《ふとせんない》の正方形《せいほうけい》のマスの中《なか》に1～9の数字《すうじ》を入《い》れます。

② 三角《さんかく》マスの数《すう》の右《みぎ》または下《した》のひと続《つづ》きの正方形のマス（このパズルの場合《ばあい》，2マスまたは3マスまたは4マスまたは5マス）の数《すう》の和《わ》が，その三角マスの数《すう》に等《ひと》しくなるようにします。

③ ひと続きの正方形のマスの中に同《おな》じ数《すう》を入《い》れてはいけません。

たとえば，下のようにア，イ，ウの和は7ですが，この組《く》み合《あ》わせは{1，2，4}だけで，{1，1，5}，{2，2，3}はどちらも同じ数《すう》が入《はい》っているので，ルールに反します。

「数」と「条件整理」の感覚を同時に養うパズルです。簡単なたし算を利用するシンプルな問題ですが，条件を加えると難易度が増します。
解き方（ルール）に従って，どこからスタートさせるかを考えることも重要なパズルです。

step 2

〔　　月　　日〕

56 たてよこにたす

目標時間は５分

分　　秒

Q ルールにしたがって，数字《すうじ》を入《い》れましょう。

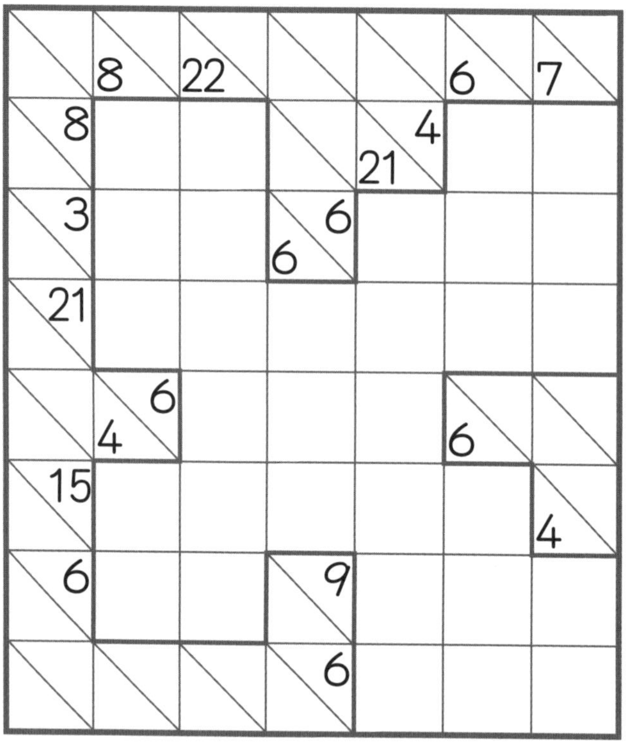

ルール

① 太線内《ふとせんない》の正方形《せいほうけい》のマスの中《なか》に１～９の数字《すうじ》を入《い》れます。

② 三角《さんかく》マスの数《すう》の右《みぎ》または下《した》のひと続《つづ》きの正方形のマス（このパズルの場合《ばあい》，２マスまたは３マスまたは４マスまたは５マス）の数《すう》の和《わ》が，その三角マスの数《すう》に等《ひと》しくなるようにします。

③ ひと続きの正方形のマスの中に同《おな》じ数《すう》を入《い》れてはいけません。

たとえば，下のようにア，イ，ウの和は７ですが，この組《く》み合《あ》わせは｛1，2，4｝だけで，｛1，1，5｝，｛2，2，3｝はどちらも同じ数《すう》が入《はい》っているので，ルールに反します。

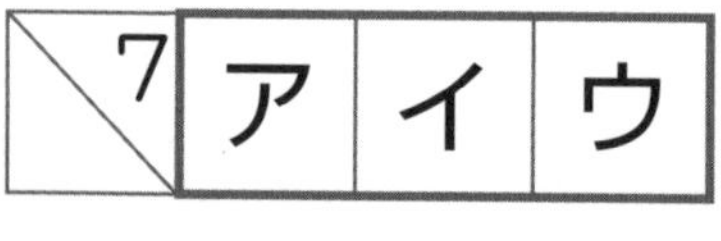

「数」と「条件整理」の感覚を同時に養うパズルです。簡単なたし算を利用するシンプルな問題ですが，条件を加えると難易度が増します。
解き方（ルール）に従って，どこからスタートさせるかを考えることも重要なパズルです。

57 論《ろん》　法《ぽう》

目標時間は3分

分　　秒

Q 次《つぎ》の問《と》いに答《こた》えなさい。

　A，B，C，D，E，の5人《にん》がマラソン競走《きょうそう》をしました。以《い》下《か》のような状況《じょうきょう》のとき，確実《かくじつ》に言《い》えるのはどれですか。次の1～5から選《えら》び，番号《ばんごう》で答《こた》えなさい。

　ただし，折《お》り返《かえ》し地《ち》点《てん》で順《じゅん》位《い》が変《か》わることはないものとし，この状況より前《まえ》にすれちがった人《ひと》はいなかったものとします。

- Bは3人《にん》目《め》にCとすれちがった。
- Cは2人目にEとすれちがった。
- AはEの次に折《お》り返《かえ》した。

1. Aは5位《い》で折り返した。
2. Bは1位で折り返した。
3. Cは3位で折り返した。
4. Dは2位で折り返した。
5. Eは4位で折り返した。

「論理思考」と「条件整理」の感覚を育成するパズルです。複数の条件を整理しながら考える必要があります。どうしてもわからない場合は表などを使って考えてもかまいませんが，整理をする力を養うためにも頭の中だけで考えましょう。

step 1　　〔　月　日〕

58 論《ろん》　法《ぽう》

目標時間は3分

分　秒

Q 次《つぎ》の問《と》いに答《こた》えなさい。

A，B，C，D，Eの5人《にん》がおたがいのうで時計《とけい》を比《くら》べています。5人の時計はすべて異《こと》なった時間《じかん》を示《しめ》しており，
次《つぎ》のことがわかっています。

- AとBのうで時計を比べると9分《ふん》の差《さ》があった。
- AとDのうで時計を比べると6分の差があった。
- BとEのうで時計を比べると6分の差があった。
- CとDのうで時計を比べると7分の差があった。
- CとEのうで時計を比べると2分の差があった。

このとき，DとEのうで時計を比べると何分《なんぷん》の差がありますか。次の1～5から選《えら》び，番号《ばんごう》で答えなさい。

1．5分
2．6分
3．7分
4．8分
5．9分

「論理思考」と「条件整理」の感覚を育成するパズルです。複数の条件を整理しながら考える必要があります。どうしてもわからない場合は表などを使って考えてもかまいませんが，整理をする力を養うためにも頭の中だけで考えましょう。

59 論《ろん》法《ぽう》

目標時間は３分

分　秒

Q 次《つぎ》の問《と》いに答《こた》えなさい。

Ａ，Ｂ，Ｃの３人《にん》は12時《じ》30分《ぷん》に目的地《もくてきち》で会《あ》う約束《やくそく》をしました。実際《じっさい》に着《つ》いたのはＡが最初《さいしょ》で，その３分後《ぷんご》にＢ，さらにＢの４分後にＣが着きました。

ところが，Ａ，Ｂ，Ｃは自分《じぶん》の時計《とけい》でそれぞれ約束の５分前《ふんまえ》，１分前，２分前に着いたと思《おも》っていました。Ｃが着いた時点《じてん》で各自《かくじ》の時計を見比《みくら》べたところ，３人の時計の示《しめ》している時刻《じこく》の平均《へいきん》を計算《けいさん》すると正確《せいかく》な時刻と同《おな》じことがわかりました。Ａの時計は正確な時刻から何分違《なんぷんちが》っていましたか。

次の１～５から選《えら》び，番号《ばんごう》で答えなさい。

1．３分進《すす》んでいた。
2．２分進んでいた。
3．１分進んでいた。
4．１分遅《おく》れていた。
5．２分遅れていた。

「論理思考」と「条件整理」の感覚を育成するパズルです。複数の条件を整理しながら考える必要があります。どうしてもわからない場合は表などを使って考えてもかまいませんが，整理をする力を養うためにも頭の中だけで考えましょう。

〔　　月　　日〕

60 論《ろん》　法《ぽう》

目標時間は３分

分　　秒

Q 次《つぎ》の問《と》いに答《こた》えなさい。

A，B，C，D，E，Fの６人《にん》が，算数《さんすう》のテストの点《てん》について次のような話《はなし》をしていました。

A：「私《わたし》とCは７点差《てんさ》だった。」
B：「私とEは３点差だった。」
C：「６人の平均点《へいきんてん》は，ちょうど 66 点だった。」
D：「６人の中《なか》では，４点差で一番《いちばん》だった。」
E：「Aは 62 点，Fは 65 点だった。」
F：「私とBは６点差だった。」

このとき，確実《かくじつ》にいえることはどれですか。
次の１～５から選《えら》び，番号《ばんごう》で答えなさい。

1．Aは６人の中で４番目《ばんめ》に点数《てんすう》が高《たか》い。
2．Cは 69 点だった。
3．AとEは４点差だった。
4．この６人の中で　２番目に点が高いのはEである。
5．BとCの点数の差《さ》は 16 点だった。

「論理思考」と「条件整理」の感覚を育成するパズルです。複数の条件を整理しながら考える必要があります。どうしてもわからない場合は表などを使って考えてもかまいませんが，整理をする力を養うためにも頭の中だけで考えましょう。

〔　　月　　日〕

仮説思考 上級　パズル道場検定

時間は60分

分　　秒

1 ナンバープレイス

	12						1	14		8			10	3	
14		11	6	8		12			3		7	9	4		1
	15					4			11					7	
7			3	2	9		14	15		6	13	8			11
		8			1	16			15	14			13		
11	9	4			2		15	16		10			1	5	12
			12	10			11	5			8	3			
2	10		1		12	5			13	3		16		11	8
12	6		8		11	2			16	4		5		10	9
			15	14			12	11			2	7			
1	14	9			5		8	7		13			6	2	3
		2			6	7			8	9			11		
15			4	5	8		9	6			10	11			16
	8					3			12					15	
9		12	5	15		11			4	1	16	10	3		6
	11	6		12	16		7	8						4	

2 ビルディング

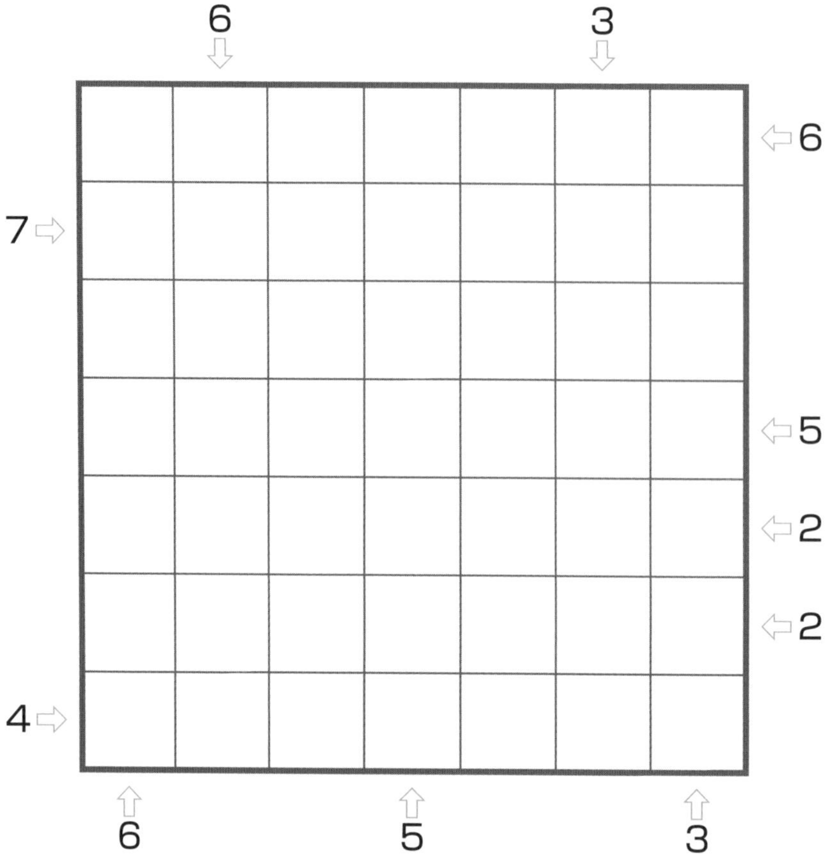

3 論　法

A，B，C，Dの４人《にん》のグループがあります。この４人がグループ内《ない》の人《ひと》の発言《はつげん》について，次《つぎ》のように言《い》いました。

A：「この中《なか》に本当《ほんとう》のことを言っている人が１人以上《いじょう》います。」

B：「この中に本当のことを言っている人が２人以上います。」

C：「この中にウソをついている人が１人以上います。」

D：「この中にウソをついている人が２人以上います。」

このとき，４人の中《なか》で本当のことを言っている人をすべて答《こた》えなさい。

解答編

1

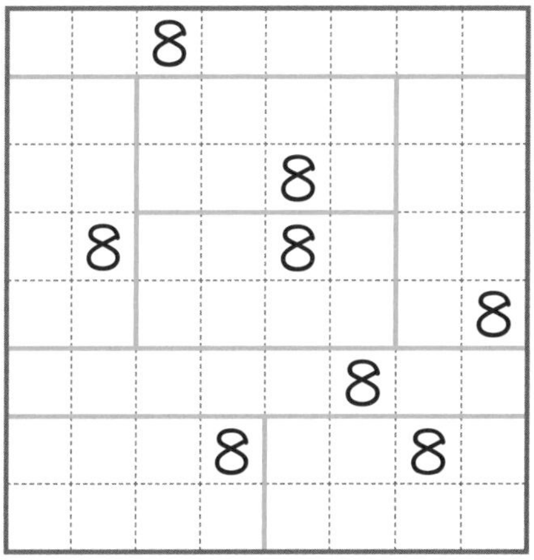

2

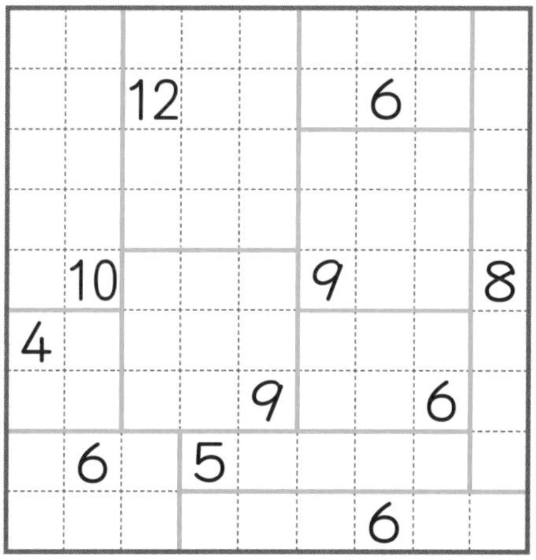

3

			4⇩			
	5	4	1	3	2	⇦4
2⇨	4	1	3	2	5	
	3	5	2	1	4	
4⇨	1	2	4	5	3	
3⇨	2	3	5	4	1	⇦3
					⇧4	

4

		2⇩		4⇩		
	5	3	4	1	2	
3⇨	1	2	5	3	4	⇦2
3⇨	3	1	2	4	5	
2⇨	4	5	3	2	1	⇦4
3⇨	2	4	1	5	3	
			⇧3		⇧2	

5

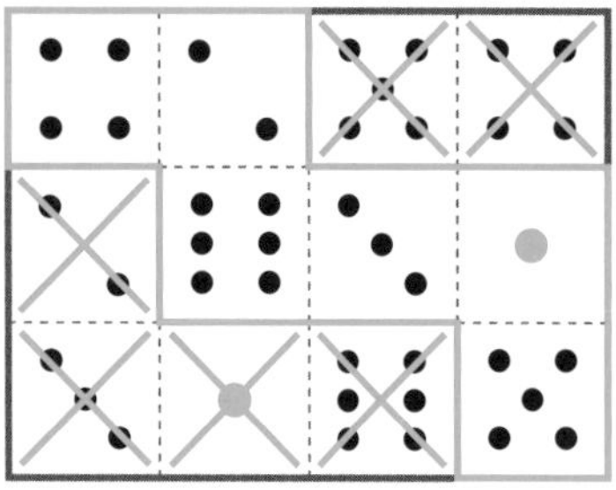

（1）

6

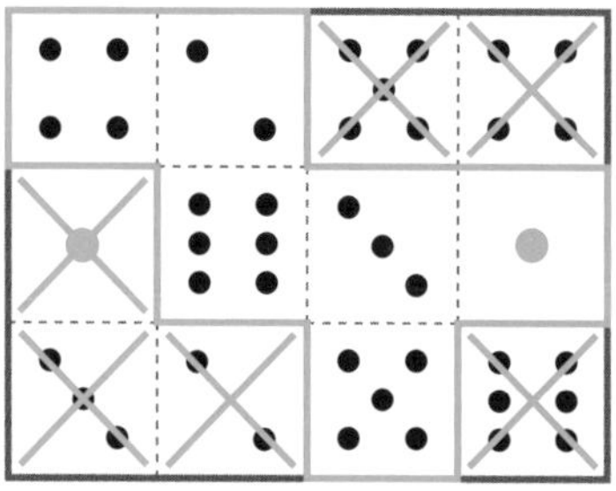

（1）

7

8	3	1	6	7	5	9	2	4
7	9	2	1	4	8	5	6	3
6	4	5	2	9	3	8	7	1
9	8	4	7	5	1	2	3	6
1	7	3	9	6	2	4	8	5
5	2	6	3	8	4	7	1	9
4	1	9	8	2	6	3	5	7
3	5	8	4	1	7	6	9	2
2	6	7	5	3	9	1	4	8

8

8	2	6	3	5	7	4	1	9
4	1	7	6	9	2	3	5	8
5	3	9	1	4	8	2	6	7
7	5	1	2	3	6	9	8	4
9	6	2	4	8	5	1	7	3
3	8	4	7	1	9	5	2	6
6	7	5	9	2	4	8	3	1
1	4	8	5	6	3	7	9	2
2	9	3	8	7	1	6	4	5

9

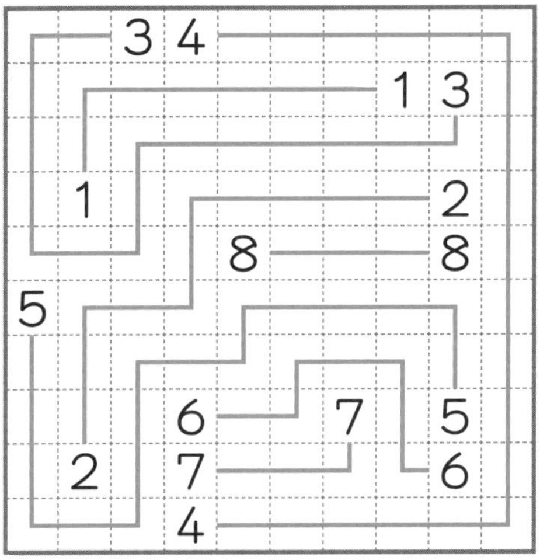

10

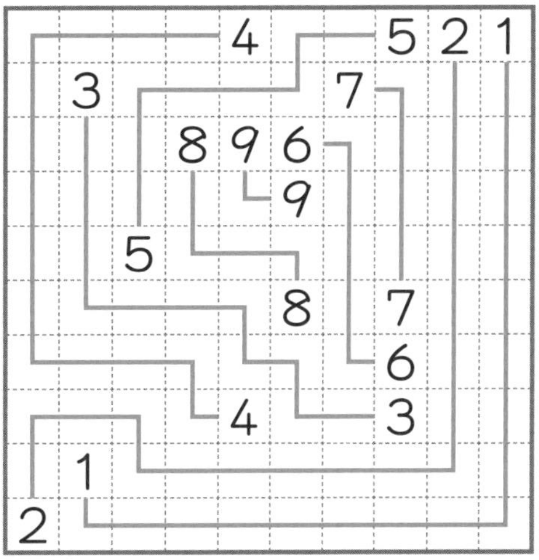

11

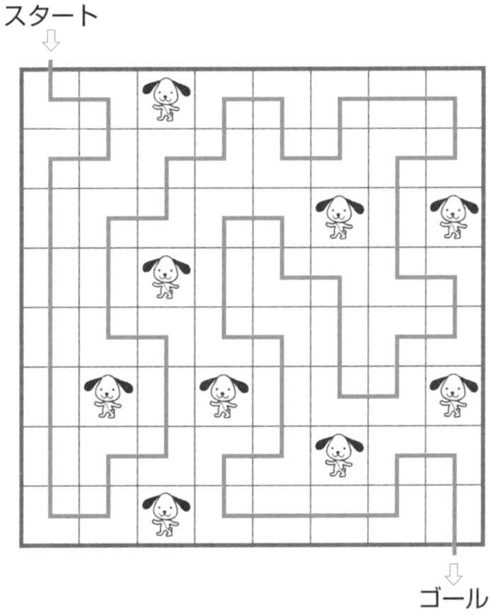

12

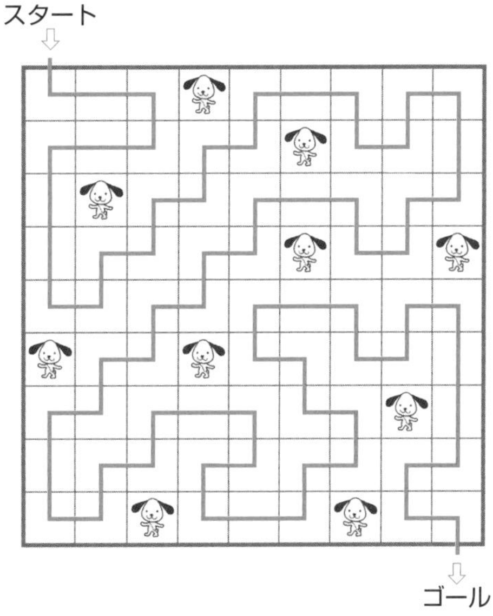

13

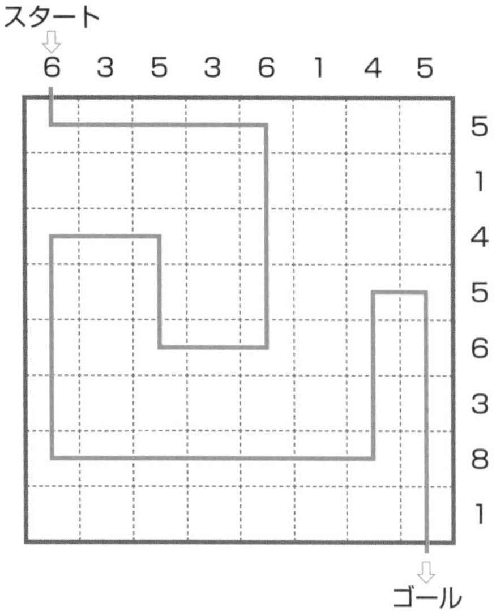

14

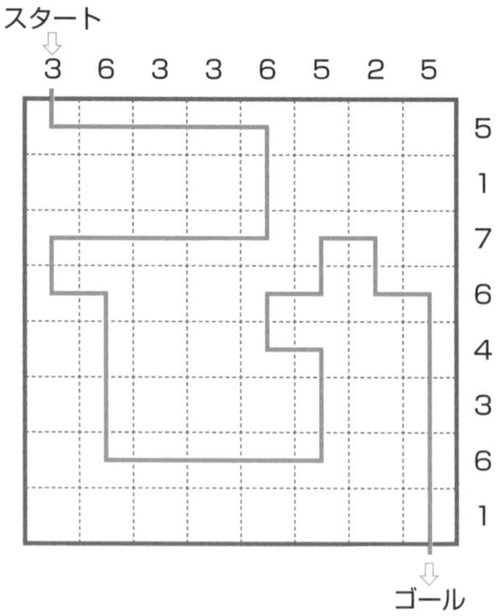

15

（1）

11	7	6
3	8	13
10	9	5

（2）

13	6	23
24	14	4
5	22	15

16

（1）

11	4	12
10	9	8
6	14	7

（2）

4	23	12
21	13	5
14	3	22

17

13	12	8	1
2	7	11	14
3	6	10	15
16	9	5	4

18

16	3	2	13
9	6	7	12
5	10	11	8
4	15	14	1

19

○		0		1		
	2		1		○	1
1	○		○	3		
	3	○	3	○	2	
	○	2			○	1
1			0		2	
					○	1

(9)

20

				1		
2			○			0
○	○	3	○	4		
3			3	○	○	
○		1	○	4		1
1				○		
				1		

(9)

21

2	2	5	1	4	3	2
4	5	3	5	1	3	3
3	1	4	2	4	1	5
1	1	3	4	1	2	4
5	2	3	4	5	5	2

22

4	5	2	2	1	4	1
4	5	3	1	1	3	2
3	5	3	2	4	5	5
1	1	2	5	1	2	4
2	5	3	4	4	3	3

23

4	4	5	5	3	3	5	5
4	4	5	5	5	3	5	5
2	2	4	4	4	4	5	2
3	3	3	2	3	3	3	2
5	5	5	2	4	4	4	4
5	2	3	3	3	5	5	5
5	2	1	2	2	4	2	5
3	3	3	4	4	4	2	5

24

6	2	2	6	6	6	6	6
6	6	6	2	6	4	4	4
2	6	6	2	4	2	2	4
2	3	3	3	4	4	4	3
4	4	4	2	2	3	2	3
3	4	2	6	3	3	2	3
3	3	2	6	6	4	4	4
2	2	6	6	6	4	2	2

25

○	○	△	4	1	6	2
○	△	△	6	4	2	3
	△	△	6	2	4	5
			2	1	6	3

26

○	○	△	1	6	5	4
○	△	△	5	1	4	2
	△	△	5	4	1	3
			4	6	5	2

27

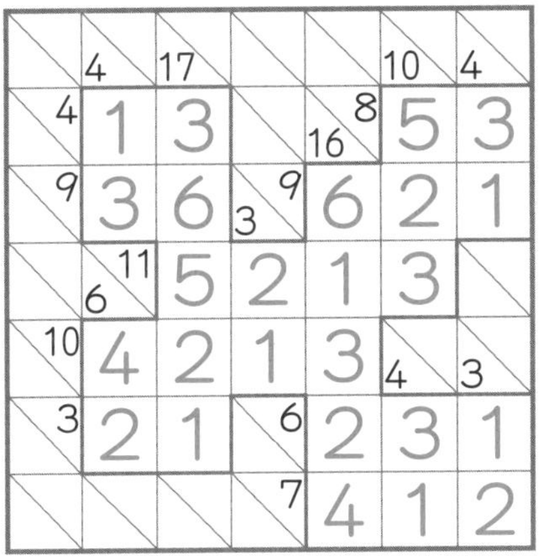

28

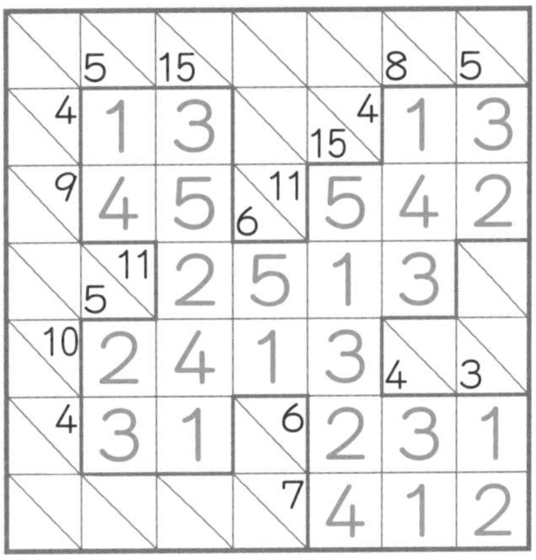

29 (1) 1位：D　2位：A　3位：C　4位：B

(2) 1位：B　2位：D　3位：E　4位：A　5位：C

30 (1) 1位：C　2位：A　3位：B　4位：D

(2) 1位：A　2位：D　3位：B　4位：C

31 3

32 3

33

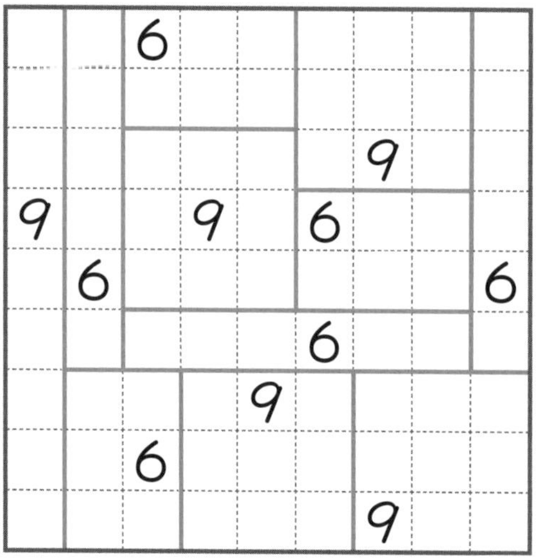

34

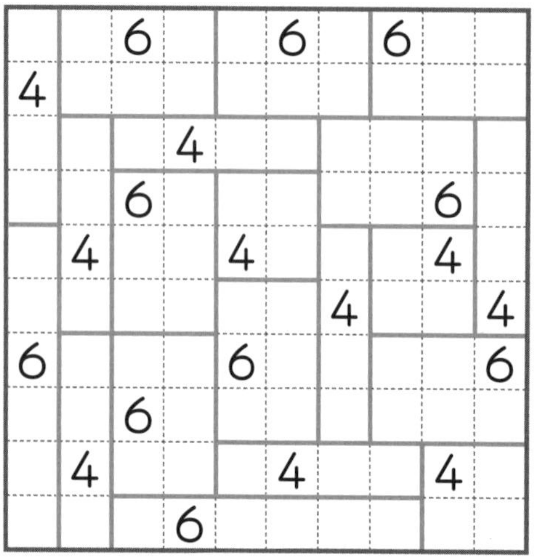

35

	4 ⇩	5 ⇩		2 ⇩	2 ⇩	2 ⇩	
	2	1	6	4	3	5	
3 ⇨	3	2	5	6	1	4	⇦ 2
5 ⇨	1	3	4	5	6	2	⇦ 2
2 ⇨	5	4	3	1	2	6	
	4	6	2	3	5	1	⇦ 3
	6	5	1	2	4	3	⇦ 4
		⇧ 2	⇧ 6	⇧ 4			

36

			3⇩			5⇩	
	6	4	1	5	3	2	
2⇨	5	1	2	6	4	3	
3⇨	2	3	6	1	5	4	⇦3
5⇨	1	2	3	4	6	5	
	3	5	4	2	1	6	
	4	6	5	3	2	1	⇦5
	⇧3			⇧3			

37

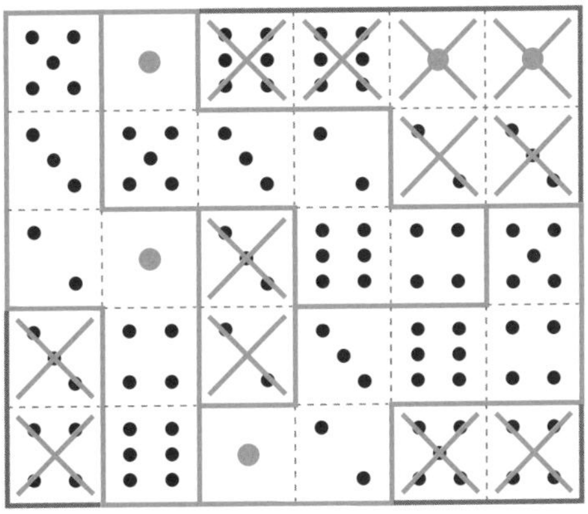

(3)

38

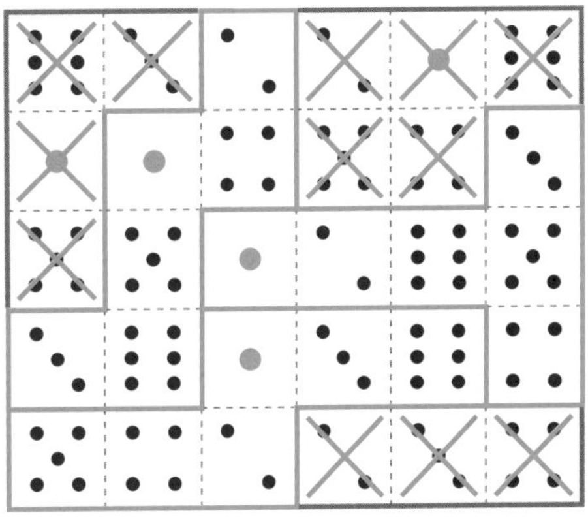

(3)

39

5	3	1	6	9	7	4	2	8
2	8	4	5	7	1	3	6	9
9	7	8	4	3	6	2	1	5
1	2	6	7	4	8	5	9	3
6	4	9	2	1	3	8	5	7
3	6	7	9	5	2	1	8	4
7	1	3	8	6	5	9	4	2
8	9	5	1	2	4	7	3	6
4	5	2	3	8	9	6	7	1

40

1	9	2	5	4	7	8	6	3
3	4	8	1	7	6	9	5	2
5	6	3	8	9	2	1	7	4
6	7	9	4	8	5	2	3	1
7	2	1	3	6	4	5	9	8
4	8	5	2	3	9	7	1	6
8	1	4	9	5	3	6	2	7
2	5	6	7	1	8	3	4	9
9	3	7	6	2	1	4	8	5

41

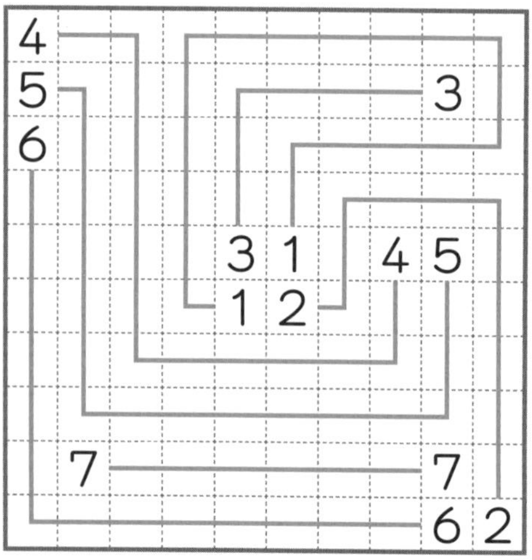

42

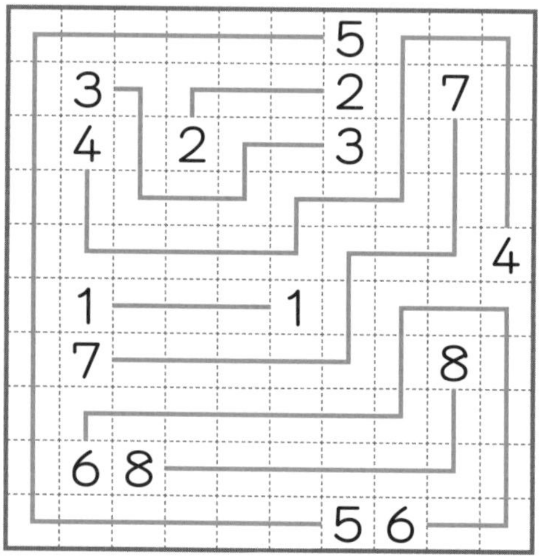

43

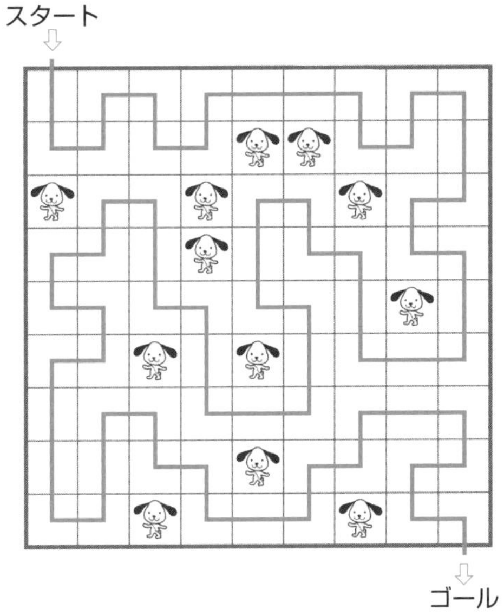
スタート
ゴール

44

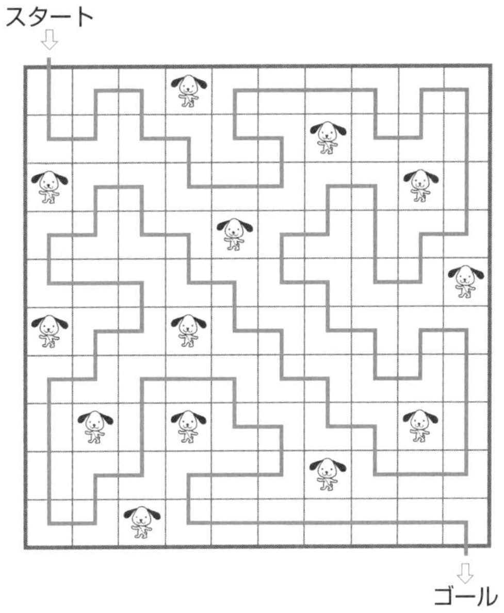
スタート
ゴール

45

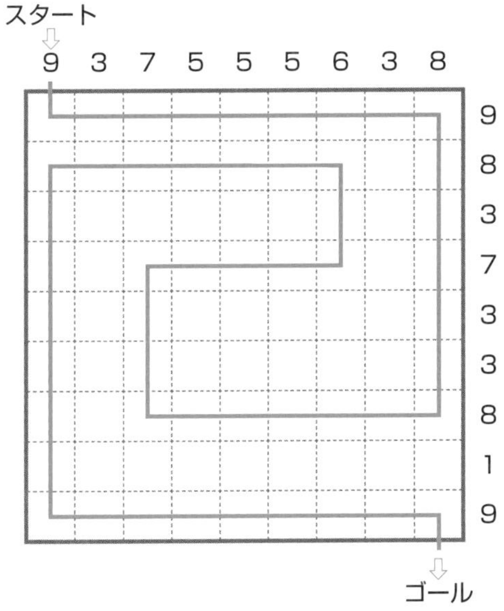
スタート
9 3 7 5 5 5 6 3 8
9
8
3
7
3
3
8
1
9
ゴール

46

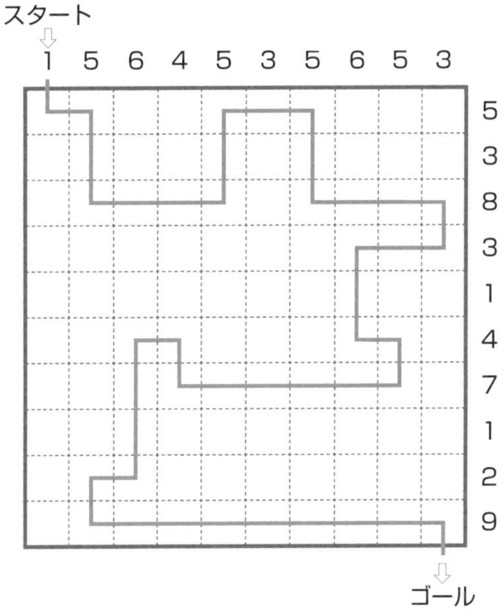
スタート
1 5 6 4 5 3 5 6 5 3
5
3
8
3
1
4
7
1
2
9
ゴール

47

1				2	○	1
○		1		○		
2			○	○	3	
○				3	○	1
		1	1			
			○		1	
	1	○	3	○	1	

(10)

48

2	○		1	○	○	
○				4	○	2
1		1		○		
		○		1		
		3		2		
1	○		○		○	
	1		1			1

(10)

49

1	2	5	3	7	2	5	1	2
4	6	5	1	3	3	4	4	3
7	6	4	2	6	7	6	6	5
7	2	1	1	6	6	7	7	7
3	5	4	2	2	5	1	4	4
3	5	4	7	7	1	2	3	3
3	5	4	1	6	1	2	5	6

50

6	1	5	1	4	2	3	6	2
2	3	4	6	3	1	4	5	2
2	5	4	6	3	1	1	5	4
1	5	4	6	3	2	5	3	6
3	5	4	6	1	2	5	1	6
3	4	1	6	2	3	3	5	1
2	4	1	6	5	4	4	2	2
2	3	1	6	5	5	6	4	3

51

4	4	4	5	3	4	4	3	3
5	5	4	5	3	3	4	3	4
6	5	1	5	5	5	4	1	4
6	5	5	2	3	3	3	4	4
6	4	4	2	6	6	6	3	3
6	6	4	4	6	6	6	3	5
6	1	6	6	4	4	2	2	5
1	6	6	3	4	2	5	5	5
6	6	3	3	4	2	1	2	2

52

5	6	2	2	6	7	5	5	5
5	6	6	6	6	7	5	4	4
5	5	5	2	2	7	5	4	8
6	6	6	6	6	7	7	4	8
4	4	4	6	5	2	7	2	8
9	4	1	4	5	2	7	2	8
9	9	9	4	5	4	2	8	8
9	9	9	4	5	4	2	8	8
1	9	9	4	5	4	4	2	2

53

○△△	9	1	8	0	3
○△△	6	8	7	9	0
○△△	5	6	1	4	2
○△△	4	5	0	3	9
○△△	1	2	5	7	6
	5	1	0	9	6

54

○△△	9	0	2	3	4
○△△	3	4	5	9	0
○△△	6	1	8	7	9
○△△	5	8	7	4	6
○△△	8	7	1	2	3
	8	4	7	3	9

55

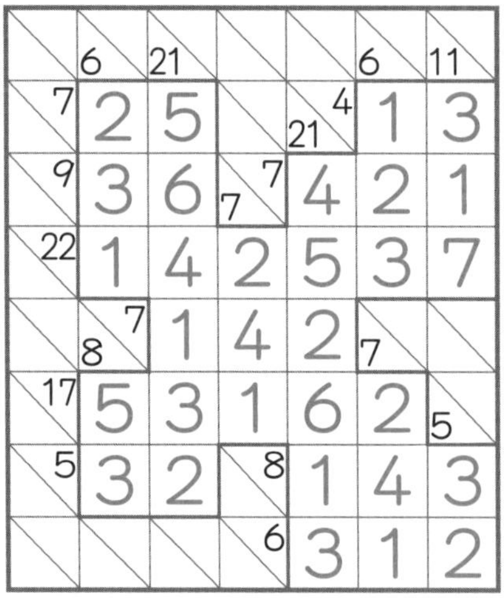

56

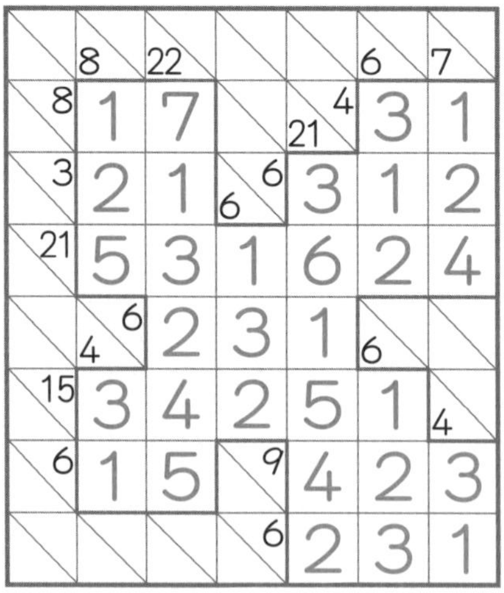

57 2

58 5

59 3

60 5

パズル道場検定

1

13	12	5	16	11	7	6	1	14	9	8	4	15	10	3	2
14	2	11	6	8	15	12	5	10	3	16	7	9	4	13	1
8	15	10	9	13	3	4	16	2	11	12	1	6	5	7	14
7	4	1	3	2	9	10	14	15	5	6	13	8	16	12	11
3	5	8	7	9	1	16	4	12	15	14	11	2	13	6	10
11	9	4	13	3	2	8	15	16	7	10	6	14	1	5	12
6	16	15	12	10	13	14	11	5	1	2	8	3	7	9	4
2	10	14	1	7	12	5	6	4	13	3	9	16	15	11	8
12	6	7	8	1	11	2	13	3	16	4	15	5	14	10	9
4	3	16	15	14	10	9	12	11	6	5	2	7	8	1	13
1	14	9	11	16	5	15	8	7	10	13	12	4	6	2	3
5	13	2	10	4	6	7	3	1	8	9	14	12	11	16	15
15	1	3	4	5	8	13	9	6	2	7	10	11	12	14	16
16	8	13	14	6	4	3	10	9	12	11	5	1	2	15	7
9	7	12	5	15	14	11	2	13	4	1	16	10	3	8	6
10	11	6	2	12	16	1	7	8	14	15	3	13	9	4	5

2

		6⇩				3⇩		
	7	1	6	5	4	3	2	⇦6
7⇨	1	2	3	4	5	6	7	
	6	3	1	7	2	5	4	
	5	4	7	6	3	2	1	⇦5
	4	6	2	3	7	1	5	⇦2
	3	7	5	2	1	4	6	⇦2
4⇨	2	5	4	1	6	7	3	
	⇧6			⇧5			⇧3	

3 A，B，C

「パズル道場検定」が時間内《じかんない》でできたときは，次ページの天才脳《てんさいのう》ドリル仮説《かせつ》思《し》考《こう》上級《じょうきゅう》「認定証《にんていしょう》」を授与《じゅよ》します。おめでとうございます。

☆20

認《にん》定《てい》証《しょう》

仮《か》説《せつ》思《し》考《こう》 上《じょう》級《きゅう》

殿《どの》

あなたはパズル道《どう》場《じょう》検《けん》定《てい》において、仮説思考コースの上級に合《ごう》格《かく》しました。ここにその努《ど》力《りょく》をたたえ認《にん》定《てい》証《しょう》を授《じゅ》与《よ》します。

年　月

パズル道場

山下善徳・橋本龍吾